知识就在得到

我能做
心理咨询师吗

刘海丹 张海音 李松蔚 陈海贤 口述

廖偌熙——编著

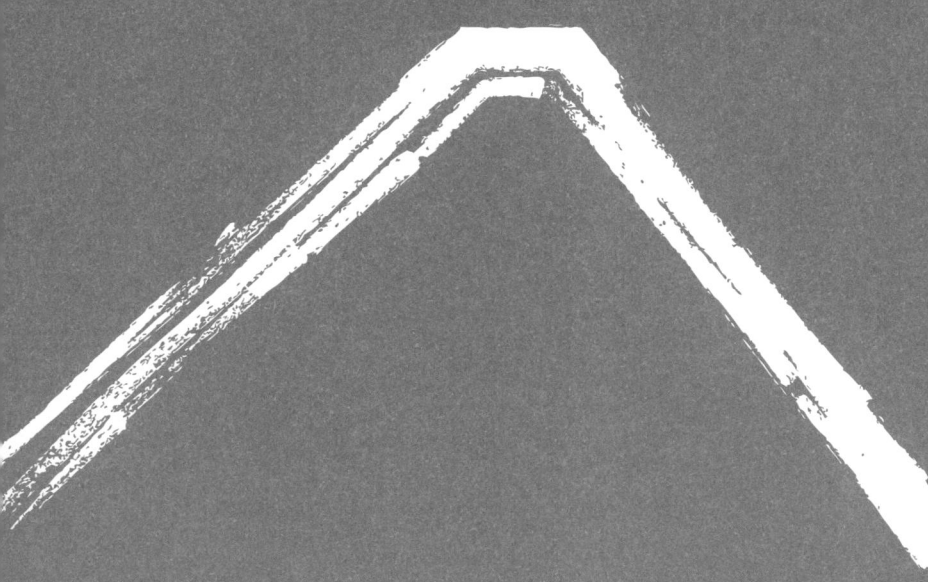

新星出版社 NEW STAR PRESS

总序

怎样选择一个适合自己的职业？这个问题困扰着一代又一代中国人——一个成长在今天的年轻人，站在职业选择的关口，他内心的迷茫并不比二十年前的年轻人少。

虽然各类信息垂手可得，但绝大部分人所能获取的靠谱参考，所能求助的有效人脉，所能想象的未来图景……都不足以支撑他们做出一个高质量的职业决策。很多人稀里糊涂选择了未来要从事大半辈子的职业，即使后来发现"不匹配""不来电"，也浑浑噩噩许多年，蹉跎了大好年华。

我们策划这套"前途丛书"，就是希望能为解决这一问题做出一点努力，为当代年轻人的职业选择、职业规划提供一些指引。

如果你是一名大学生，一名职场新人，一名初、高中生家长，或者是想换条赛道的职场人，那么这套书就是专门为你而写的。

在策划这套书时,我们心中想的,是你正在面临的各种挑战,比如:

你是一名大学生:

·你花了十几年甚至更久的时间成为一名好学生,毕业的前一年突然被告知:去找你的第一份工作吧——可怕的是,这件事从来没人教过你。你孤身一人站在有无数分岔路的路口,不知所措……

·你询问身边人的建议,他们说,事业单位最稳定,没编制的工作别考虑;他们说,计算机行业最火热,赚钱多;他们说,当老师好,工作体面、有寒暑假;他们说,我们也不懂,你自己看着办……

·你有一个感兴趣的职业,但对它的想象全部来自看过的影视剧,以及别人的只言片语。你看过这个职业的高光时刻,但你不确定,在层层滤镜之下,这个职业的真实面貌是什么,高光背后的代价又有哪些……

你是一名职场新人:

·你选了一个自己喜欢的职业,但父母不理解,甚至不同意你的选择,你没把握说服他们……

·入职第一天,你眼前的一切都是新的,陌生的公司、陌生的同事、陌生的工位，你既兴奋又紧张，一边想赶紧上手做点什么，一边又生怕自己出错。你有一肚子的问题，不知道问谁……

你是一名学生家长：

· 你只关注孩子的学业成绩，仿佛上个好大学就是终身归宿，但是关乎他终身成就的职业，你却很少考虑……

· 孩子突然对你说，"我将来想当一名心理咨询师"，你一时慌了神，此前对这个职业毫无了解，不知道该怎么办……

· 你深知职业选择是孩子一辈子的大事，很想帮帮他，但无奈自己视野有限、能力有限，不知从何处入手……

你是一名想换赛道的职场人：

· 你对现在的职业不太满意，可不知道该换到哪条赛道，也不清楚哪些职业有更多机会……

· 你年岁渐长，眼看着奔三奔四，身边的同学、朋友一个个事业有成，你担心如果现在换赛道，是不是一切要从头再来……

· 你下定决心要转行，但不确定自己究竟适不适合那个职业，现有的能力、资源、人脉能不能顺利迁移，每天都焦灼不已……

我们知道，你所有关于职业问题的焦虑，其实都来自一件事：**不知道做出选择以后，会发生什么。**

为了解决这个问题，"前途丛书"想到了一套具体而系统的解决方案：一本书聚焦一个职业，邀请这个职业的顶尖高手，从入门到进阶，从新手到高手，手把手带你把主要的职业逐个预演一遍。

通过这种"预演"，你会看到各个职业的高光时刻以及真实面貌，判断自己对哪个职业真正感兴趣、有热情；你会看到各个职业不为人知的辛苦，先评估自己的"承受指数"，再确定要不要选；你会了解哪些职业更容易被 AI 替代，哪些职业则几乎不存在这样的可能；你会掌握来自一线的专业信息，方便拿一本书说服自己的父母，或者劝自己的孩子好好考虑；你会收到来自高手的真诚建议，有他们指路，你就知道该朝哪些方向努力。

总之，读完这套"前途丛书"，你对职业选择、职业规划的不安全感、不确定感会大大降低。

"前途丛书"的书名，《我能做律师吗》《我能做心理咨询师吗》……其实是你心里的一个个疑问。等你读完这套书，我们希望你能找到自己的答案。

除了有职业选择、职业规划需求的人，如果你对各个职业充满好奇，这套书也非常适合你。

通过这套书，你可以更了解身边的人，如果你的客户来自各行各业，这套书可以帮助你快速进入他们的话语体系，让客户觉得你既懂行又用心。如果你想寻求更多创新、跨界的机会，这套书也将为你提供参考。比如你专注于人工智能领域，了解了医生这个职业，就更有可能在医学人工智能领域做出成绩。

你可能会问：把各个职业预演一遍，需不需要花很长时间？

答案是：不需要。

就像到北京旅游，你可以花几周时间游玩，也可以只花一天时间，走遍所有核心景点——只要你找到一条又快又好的精品路线即可。

"前途丛书"为你提供的，就是类似这样的精品路线——**只需三小时，预演一个职业。**

对每个职业的介绍，我们基本都分成了六章。

第一章：行业地图。带你俯瞰这个职业有什么特点，从业人员有什么特质，薪酬待遇怎么样，潜在风险有哪些，职业前景如何，等等。

第二至四章：新手上路、进阶通道、高手修养。带你预演完整的职业进阶之路。在一个职业里，每往上走一段，你的境界会不同，遇到的挑战也不同。

第五章：行业大神。带你领略行业顶端的风景，看看这个职业干得最好的那些人是什么样的。

第六章：行业清单。带你了解这个职业的前世今生、圈内术语和黑话、头部机构，以及推荐资料。

这条精品路线有什么特色呢？

首先，高手坐镇。这套书的内容来自各行各业的高手。他们不仅是过来人，而且是过来人里的顶尖选手。通常来说，我们要在自己身边找齐这样的人是很难的。得到图书依托得到 App 平台和背后几千万的用户，发挥善于连接的优势，找到了他们，让他们直接来带你预演。我们预想的效果是，走完这条路线，你就能获得向这个行业的顶尖高手请教一个下午可能达成的认知水平。

其次，一线智慧。在编辑方式上，我们不是找行业高手约稿，然后等上几年再来出书，而是编辑部约采访，行业高手提供认知，由我们的同事自己来写作。原因很简单：过去，写一个行业的书，它的水平是被这个行业里愿意写书的人的水平约束着的。你懂的，真正的行业高手，未必有时间、有能力、有意愿写作。既然如此，我们把写作的活儿包下来，而行业高手只需要负责坦诚交流就可以了。我们运用得到公司这些年形成的知识萃取手艺，通过采访，把各位高手摸爬滚打多年积累的一线经验、智慧、心法都挖掘出来，原原本本写进了这套书里。

最后，导游相伴。在预演路上，除了行业高手引领外，我们还派了一名导游来陪伴你。在书中，你会看到很多篇短小精悍的文章，文章之间穿插着的彩色字，是编著者，也就是你的导游，专门加入的文字——在你觉得疑惑的地方为你指路，在你略感疲惫的地方提醒你休息，在你可能错失重点的地方提示你注意……总之，我们会和行业高手一起陪着你，完成这一场场职业预演。

我们常常说，选择比努力还要重要。尤其在择业这件事情上，一个选择，将直接影响你或你的孩子成年后 20% ～ 60% 时间里的生命质量。

这样的关键决策，是不是值得你更认真地对待、更审慎地评估？如果你的答案是肯定的，那就来读这套"前途丛书"吧。

丛书总策划　白丽丽
2023 年 2 月 10 日于北京

目录 CONTENTS

00
序 言

01
行业地图

9　为什么社会需要心理咨询师
16　为什么心理咨询师职业值得从事
21　心理咨询师是怎样的一群人
25　如何判断自己是否适合当心理咨询师
28　成为心理咨询师的路径在哪里
33　心理咨询师的收入情况怎么样
37　心理咨询师可能面对哪些风险
42　心理咨询师只能在一线城市工作吗
45　未来人工智能会取代心理咨询师的工作吗

02 新手上路

入行准备阶段
52　高中阶段，你要做好哪些准备
56　大学阶段，如何为以后的工作做好准备

实习阶段
68　那么多流派，怎么选最合适
75　如何最大限度获得成长
87　如何运用工作守则

独立咨询阶段
97　如何选择适合自己的工作平台
101　寻找来访者，有哪些注意事项
110　事先清楚哪些事，才能和来访者开始咨询
119　做好一次咨询，需要具备哪些能力
138　如何应对咨询中出现的各种难题
154　当来访者不适合做咨询时，如何进行转介

目录 CONTENTS

03
进阶通道

163　想进一步提升工作能力，要做到哪些事
179　精进路上，要突破哪些极端考验
187　工作多年后，遭遇职业耗竭怎么办

04
高手修养

193　高手心理咨询师要做的工作有哪些
202　高手心理咨询师会使用哪些视角看待问题

05
行业大神

218　萨尔瓦多·米纽庆：做正确的事，就是有所为有所不为
224　弗里茨·西蒙：享受思维乐趣的"风清扬"
228　李维榕：不把人留在"无望"和"无明"里
232　欧文·亚隆：用团体治疗改变个体的孤独

06 行业清单

239 行业大事记
245 行业术语
249 推荐资料

255 后记

序言

你好，欢迎来到心理咨询师的世界！

如果你希望自主安排工作和休息时间，那么心理咨询师这个职业非常符合你的要求；如果你希望失业风险低，能活到老、干到老，那么心理咨询师大概率就是你期待的职业；如果你希望自己所做的工作既能让你了解自己，又能帮助他人，甚至还能让这个世界变得更美好一点，那么心理咨询师非常适合作为你的首选。

这是一种通过专业的咨询技术疏导、缓解一个人的心理困扰，促使他发生更好改变的职业。除了上述优势，你可能对它的局限性也有所耳闻——2017年，国家人社部取消了心理咨询师执业咨询认证考试，此后这个职业一直没有取得国家职业资格。也就是说，现在想成为心理咨询师的人找不到官方的准入门槛和从业考核标准，这导致行业里出现了很多乱象。

比如，在互联网上搜索心理咨询师时，你会看到一些广告，声称"不需要专业背景，几个月就能考取心理咨询师职业资格证书""和人聊聊天，就能月入过万"。它们与其说是广告，不如说是对大众的误导，让人以为心理咨询师是一个门槛低、来钱快的职业。这也导致很多人在没有充分了解信息的情况下入行，不仅损失了金钱，还浪费了时间。

这样一个优势和局限都如此明显的职业，值得你从事吗？你该选择进还是退？

本书能为你做的，就是在你面对纷杂的信息，感到困惑和迷茫时，帮你全面了解心理咨询师这个职业，对它有一个客观的认知和判断。

为什么这本书能做到？因为我们为你请到了四位成绩斐然的心理咨询师，由他们来回答你对这一职业的种种疑惑。这四位心理咨询师分别是刘丹老师、张海音老师、李松蔚老师、陈海贤老师。我们可以通过以下三个关键词，对这几位即将带你预演心理咨询师职业生涯的老师有一个基本认识。

第一，科班出身。刘丹老师和李松蔚老师是北京大学临床心理学博士，张海音老师是医学博士和上海市精神卫生中心的主任医师，陈海贤老师则是毕业于浙江大学的心理学博士。他们接受过严谨、系统的专业训练，在对心理咨询师评价标准不一的当下，他们的从业操守和经验最接近正统。换句话说，这几位老师能帮你用尽可能接近正确的方式进入心理咨询行业，在行业内取得长远发展，同时降低你从业的风险和损失。

第二，身处一线。这几位心理咨询师都是从新手出发，在实践中摸爬滚打，最终成为这个领域的专家。他们积累的经验和口碑，都来自成千上万真实、鲜活、具体的咨询个案和督导个案。如果你想了解心理咨询师从新人到高手的成长轨迹，读这本书就够了。

第三，整合取向。虽然受访老师们来自不同的心理咨询流派——刘丹老师、李松蔚老师、陈海贤老师来自家庭治疗流派，张海音老师来自精神分析流派——但是他们都以开放之心超越流派之见，发展出自己对职业的独特思考框架。值得一提的是，在本书中，这几位老师都有意识地超越流派，提炼出了适合大多数人的工作方法。所以，无论你想从哪个角度了解心理咨询师，都可以来这本书里找找思路。

通过"科班出身""身处一线""整合取向"这几个关键词，你可以了解四位受访心理咨询师的基本情况。接下来的几则具体事例，还能让你进一步理解他们的特质，找到学习心理咨询的抓手。

张海音老师和刘丹老师从业超过30年，属于中国最早一批心理咨询师。他们是通过两条不同路径入行的——张老师曾是精神科医生，在治疗患者的过程中，他对如何用心理治疗来减轻患者的精神和情绪困扰产生了浓厚的兴趣，因而不断学习相关知识，成为心理咨询师。刘老师则是在学生阶段就明确了家庭治疗的工作方向，并通过学习心理动力学、后现代心理学来整合自己的工作技术和理念。

不同的入行经历，给两位老师带来了不同的挑战。张海音老师具有心理咨询师和精神科医生的双重身份，这让他成为行业里极少数接待过大量有重度心理问题来访者的心理咨询师。这一行的从业者普遍认为，接待这类来访者可以"涨功力"，因为他们的问题错综复杂、充满挑战性，心理咨询师要是功力不够，就可能会把自己卷入来访者的心理问题里。接待这些来访者时需要注意什么？有哪些好的解决方案？你能从张海音老师身上学到应对这些问题的方法。

刘丹老师在这一行的工作时间长、经验丰富，她给很多新人做督导，帮助他们解决工作中的难题。她发现，很多心理咨询师经常有助人情结，认为自己是在帮助来访者，而非向来访者提供专业服务。他们在工作中过于依赖自己的"爱心"，缺少对专业技术的掌握和使用。所以，刘丹老师会详细介绍心理咨询师在整个社会职业结构中的角色，让你对这一行的从业标准和边界有更清晰的认识。

作为年轻一代心理咨询师中的佼佼者，李松蔚老师和陈海贤老师身上也有非常突出的特质。

李松蔚老师对这一行的生存现状有着非常敏锐的洞察。他认为心理咨询师是"一个以人为单位，品牌几乎是生命线的职业。如果心理咨询师没有为自己的个人品牌去努力经营，它造成的损失可能是终生的"。能给出这样精准的定义，一方面源于他在行业里的积淀，另一方面则源于他的亲身经历。心理咨询师要经历一段残酷的"新手期"，即便是北大科班出身的李松蔚老师，在刚入行时也曾面临过只有两三个来访者，几乎没什么收入的情况。他既要不断寻找来访者，专业地处理每一个来访者的问题，还要承担养家的压力和焦虑。"新手期"如何度过？怎样找到更多的来访者？你可以从李松蔚老师的经历里找找解决方案。

陈海贤老师通过写书、制作课程等方式，让很多人对自己的家庭和亲密关系有了更深入的认识。他创作的《了不起的我》《爱，需要学习》是自我认识和亲密关系领域的畅销书，近30万人跟随他在得到App学习心理学相关的课程。他作为心理咨询师的功力，不仅体现在书和课程中，还体现在他对案例的困境和出路的解读上。因为这些案例来自他的心理咨询经验，让很多人觉得自己被理解和看见。在采访中，海贤老师对自己的高要求给我们留下了深刻的印象——遇到复杂案例，他会不厌其烦地讲解，确保每个人都能听明白。从这些细节中不难看出，他对心理咨询的深入思考，以及他为什么能取得今天的成绩。你可以从他身上学习到心理咨询师如何建立公众对自己的认识、如何深化咨访关系等内容。

最后，这本书虽然是第一版第一次，但在交到你手中之前，它经历了重大的内容调整。第一版书稿完成于2022年初，第二版书稿完成于2023年2月。其间我们编著团队不仅邀请心理学专业的读者、大众读者对书稿内容进行审读、把关，还找到了心理咨询师、对心理咨询师这个职业感兴趣的人，以及正准备入行的人，进行一对一的调研。

这些读者和调研对象提出了大量中肯的意见和遭遇的真实问题，也为这本书提供了更多的案例和观点。现在在你手中的，是心理咨询行业的"答案之书"；我们相信，它会成为你了解这一职业的路标。

现在，让我们一起出发，来预演一名心理咨询师的职业生涯。

廖偌熙

CHAPTER 1

第一章 行业地图

在预演心理咨询师的职业生涯之前，请先仔细阅读"行业地图"这一章节的内容，这会让你对心理咨询师有一个基本的认识。你将从以下三个角度来了解这个职业：

第一，心理咨询师工作的价值是什么？

心理咨询师的工作就是跟人聊天吗？为什么社会需要这种"跟人聊天"的工作呢？通过这部分内容，你会理解这个职业存在的理由，以及它为个体和社会创造的价值。

第二，如何成为一名心理咨询师？

什么样的人适合从事心理咨询工作？网上各种关于心理咨询的培训课程叫人眼花缭乱，到底要怎么进入这个行业？看完受访老师的介绍，相信你心中的困惑会被解开。

第三，心理咨询师的生存处境怎么样？

这一行的收入高不高，主要面临哪些风险，未来会不会被人工智能取代？通过了解这些信息，你对心理咨询师这个职业的发展前景会有更客观的预期和判断。

为什么社会需要心理咨询师

社会价值：心理咨询师是我们的"精神安全网"

· 陈海贤

我曾经和人说过一个佛陀的故事：佛陀出家后成立了僧团，有人问佛陀，你看我们农民辛辛苦苦种地，是在劳动和生产，而你在做什么呢？只是动动嘴皮子，就有饭吃了。如果我们都跟着你出家了，谁来进行生产劳动呢？佛陀说，你在耕你的地，我也在耕我的地，我耕的是心田。精神生活也有它的田地，也需要去耕种。

心理咨询师就是耕种心田的人。我们用专业的方式探索人的生命经验，试图给人一种精神上的安全感。

这种安全感在于，即便一个人的内心遇到了问题，不被身边的人接纳，他也知道自己还有地方可去。

比如，一个在互联网大厂工作的年轻人，在"996"的高压下没有太多个人生活；微信上明明有很多好友，但把通讯录刷了一遍又一遍，却不知道和谁聊心事。远在家乡的父母最多也就是问问"吃饭了吗？""天冷了有没有加衣服？"这样的状态日复一日，他逐渐有一些抑郁，望着曾经挤破头、经历好几轮面试才进入的公司，望着自己尚未走完的人生路，他突然不知道人生的意义在哪里，不知道接下来自己要怎么生活。

但是，只要世界上还有心理咨询师这个职业，这个年轻人，还有遇到这类问题的人就会知道——自己可以敲开心理咨询室的门，有一个人会耐心听你诉说烦恼，和你一起把人生丢失的意义感找回来。

再比如，一个独自带孩子的单亲妈妈，孩子到了青春期以后非常叛逆。这位单亲妈妈没办法跟孩子的父亲讲孩子的情况，夫妻二人离婚，就是因为关系恶化了，所以一讲这些，彼此又会生出更多的恨意。而跟儿子讲道理，越讲儿子越反抗她。

面对这种情况，她也可以去找心理咨询师。心理咨询师会告诉她，家庭关系的症结出在哪里，怎么做才能让他们的关系有所改善。

心理咨询师群体给社会搭建了一张精神意义上的安全网。 因为有心理咨询师这个职业存在，我们有理由相信，内心的困扰不会无止境地持续下去；被困扰"拦"下来的时候，我们知道自己还有地方可以去，还有办法把它化解。

心理学在希腊语中有"灵魂的科学"的意思。它的出现，反映了人类亘古不变的心灵的需要。我们通过心理咨询理解人为何而迷茫、绝望、孤独，并掌握与自己、与关系亲密的人，以及与世界互动的方法。

看完海贤老师的介绍后，你是不是觉得心里暖暖的——无论遇到多大的难题，都有心理咨询师给人内心的痛苦"兜底"。但如果你穿越到18世纪，看到那个时候人们治疗心理问题的方式，你的感觉可能会很不一样。

当时，有的医生会通过给病人放血来消耗他的精力，好让他恢复安静。有的医生会把病人绑在转椅上，通过转椅的高速旋转"打消"病人内心的执念。这种"不人道"的做法直到20世纪初，也就是现代心理学诞生后才有所改善。因为心理学家发现，对话可以"扫除"人的消极情绪，效果非常显著。在此基础上，治疗心理问题的方式得到了进一步发展，形成了现代意义上的心理咨询。

你可能知道，如果一个人没有对应的知识和方法，是很难判断自己有没有心理问题的。那么，在被心理问题困扰，而又无法及时获得心理援助的情况下会发生什么呢？我们去看一看。

社会需求：心理咨询师为我们提供了精神支持

·刘丹

如果一个人积压在心里的困扰没有及时得到排解，会带来怎样的后果呢？

首先，它有可能引发人际关系方面的冲突，比如激烈的争吵、亲密关系的破裂，甚至有可能爆发极端事件。

2019年4月17日，上海一名高中生和正在开车的母亲因为沟通不畅，发生了激烈的冲突，他随即打开车门跳桥自杀。任何人都不愿意看到这样的惨剧。而这就是因为孩子与母亲缺少相互理解，也没有及时寻求心理咨询的帮助，才导致负面情绪不断被激化和放大。

其次，如果一个人内心的困扰没有得到关注和处理，原本一个个细小的困扰就有可能逐渐积压，形成低落情绪或者抑郁状态。当一个人长期处于抑郁状态，或者抑郁状态很严重时，就需要请医生给出专业意见。

经医生诊断为抑郁症的患者，在急性期[1]需要接受医学治疗，在康复期则需要用药物进行维持治疗。心理咨询是医学治疗过程中重要的辅助支持方法，可以帮助患者及家人缓解

---

1. 抑郁症的症状发展过程中比较严重的时期。

就医过程中的紧张焦虑，还有药物副作用带来的情绪波动等。

再次，如果有的心理危机个案没能及时处理，有可能造成扩大性自杀。

什么是扩大性自杀？请你想象一下：一个久经抑郁症折磨、内心非常无助的母亲，决定通过自杀结束自己的痛苦。但她死了，孩子怎么办呢？为了避免孩子未来和她经历一样的痛苦，她的解决办法就是扩大性自杀——在自杀前，把年幼的孩子杀死，再结束自己的生命。这也是扩大性自杀被称为怜悯性自杀的原因——通过死亡的方式，结束自己和自己最亲密之人未来可能会经历的痛苦。

2019年1月18日，山东济南就发生了一起这样的案例。当天17点30分，一名中年男子跳楼身亡。公安机关赶到现场后，在他家里发现了两名老人、一名三十多岁女性和两名儿童的尸体。经调查，这名中年男人生前患有抑郁症，他将父母、妻子、孩子相继杀死后，选择跳楼自杀。这就是一起典型的扩大性自杀事件。

如果来访者有扩大性自杀的倾向时，心理咨询师就要启动危机干预，通知来访者的监护人，与他们配合，一起保证来访者的生命健康。

如果是还没有确诊抑郁症、但有抑郁表现的来访者来做咨询，心理咨询师首先要对他的状态进行专业评估——评估结果如果是中度或者重度抑郁，应该及时转介到精神专科医院就诊，推动来访者和医生合作完成医学治疗。

除了个体层面的扩大性自杀，严重的心理问题还有可能对家庭、社会造成负面影响。

和抑郁症一样，人格障碍、焦虑症、恐怖症、精神创伤，以及一系列因压力产生的问题都属于心理问题。这些问题表现出来的症状轻重虽然不同，但如果没有及时处理，都有可能在一个人学习、工作的压力下发展为严重的心理问题，导致个人劳动能力的丧失、经济收入的减少、社会功能的下降。假如一个上班族罹患焦虑症，那么那些超出他预期的事情都会让他感到特别焦虑。一到晚上，满脑袋的担忧、害怕让他翻来覆去怎么也睡不好。久而久之，白天的工作效率就会下降。如果没有及时处理焦虑，他可能会因为工作效率低下、业绩不理想而被批评，甚至被辞退。试想一下，如果一个上有老人要赡养，下有孩子要抚养，又要还房贷的双职工家庭出现这种情况，这个家庭的生活压力该有多大？

世界卫生组织的一项研究指明，如果抑郁症、焦虑症等心理疾病的患者得不到及时帮助，每年会造成大约1万亿美元的经济损失。[1]

健康的心理是一个人立足社会的根本，而心理咨询师就是在用自己的专业，守护着我们的心理健康。如果把心理咨询师的工作量化，我认为一个特别明显的衡量指标是人的改变。很多来访者进咨询室之前都深陷在痛苦的沼泽中，想做的事情做不到，又不知道从哪里改变。但结束咨询时，他们往往一身轻松，有了面对难题的内在力量和自我发展的方向。

看到一个人具体、真实的变化时，我们都知道，他距离走出自己内心的困扰更近了一步。当然，他的家庭，以及由每个个体组成的社会，也会相应地发生变化。

现在，你已经理解心理咨询师所承担的社会责任，以及这个职业的社会价值了。心理咨询师给人提供了一个专业、安全的地方来解决自己内心的困扰，他们是人类心理健康的守护者。

除了这个理由，肯定还有其他因素吸引着越来越多的人加入心理咨询师这一行。我们一起去看看。

---

1. 谭德塞：《世卫组织总干事2023年1月18日在世界经济论坛工作场所精神健康专题小组会上的开幕词》，https://www.who.int/zh/director-general/speeches/detail/who-director-general-s-opening-remarks-at-the-mental-health-at-work-panel--world-economic-forum---18-january-2023，2023年1月20日访问。

为什么心理咨询师职业值得从事

·陈海贤

"做心理咨询师,当别人的情绪垃圾桶,是不是特别累?"我经常遇到这种提问。而我的回答是:"如果每天都在听未经思考、不投入感情的话,当然会累。但在咨询过程中,心理咨询师会逐渐和来访者建立起深层次的连接,所以我并没有感觉到累。相反,我觉得这是一份特别滋养人的工作。"

我有一位对关系非常敏感的来访者,在咨询过程中,我们一起重新看见了"童年时的她"。童年时的她很早就失去了妈妈,一直由爸爸抚养。后来爸爸成立了新家庭,她有了一个弟弟,爸爸明显更宠爱弟弟,经常对她说:"你是姐姐,你得让着弟弟。"

每次爸爸这么说,她都感觉特别委屈。那时候她身边有一位婶婶对她很好,她跟这位婶婶也很亲,她爸爸看到这种情况,就对她说:"婶婶对你那么好,你要多报答她。"她听到爸爸这么说,心里特别难过,可她也不知道自己为什么难过,因为爸爸说得没错。

在咨询的过程中，我才慢慢理解她为什么难过。因为她没有妈妈，在家里又不像弟弟那样受宠，所以她从小就在心里暗暗希望有一个像婶婶这样的妈妈。婶婶也把她当作女儿一样看待，和别人提到她时，都会说："我女儿在××读大学，很有出息。"她爸爸说让她报答婶婶，其实是在提醒她，婶婶是外人，所以才需要报答。这句话打破了她内心把婶婶当作妈妈的想象，让她感到特别难受。

我对她说："你是一个成年人，你可以选择哪一个家是你自己的家。家应该是我们可以倾诉情感的地方，而不应该局限在血缘关系上。"她听完特别感动："陈老师，你知道吗？从小到大，我一直在等着有人跟我说这句话。因为有时候我把婶婶当家人，但我又在心里觉得自己不配，我在指望一个不属于自己的东西，这是对我爸爸那个家庭的背叛。所以后来我就对关系特别纠结、敏感。"

这就是心理咨询师职业值得从事的第一个原因。人一生中的大部分关系都比较肤浅，真正深层次的关系，可能只有父母、伴侣、孩子和密友。可是在这些关系中，又很容易出现因为亲密关系出问题而造成的一些伤害。**但我们这个职业，可以在可控、有边界、不会带来伤害的情况下，建立很深的情感连接，这种连接尤为珍贵。**

心理咨询师职业值得从事的第二个原因在于，这是一份全人状态的工作。现代社会分工大部分都在把人工具化，比如你是一个会计，公司用的就是你的计算能力；你是一个销售，公司用的就是你的口才和销售技巧。很多职业做着做着就会产生一种割裂感。但心理咨询师不一样，**心理咨询师要全情投入工作，既需要调用理性，分析来访者说的话的含义；又需要调动感性，和来访者的情感共情；还要理解人性，看到来访者在人性灰色地带的挣扎。**

比如一位来访者的先生出轨了，她在恨他的同时，又不想和他分开，这就需要心理咨询师理解她复杂的情感，从而真正帮助她。心理咨询师一直处于一种全人状态，越工作，对人性的理解也越丰富。

心理咨询师值得从事的第三个原因在于，它是一个越老越吃香的职业。很多职业都有严苛的年龄限制，比如模特、运动员、电竞选手……但对于心理咨询师来说，从业时间越长，就代表接待的来访者、积累的咨询经验越多。

同时，心理咨询师也在经历家庭的生命周期，知道怎么养育小孩，了解一个家庭是怎么回事；他甚至还有可能经历过整个社会的变化周期，知道在不同的时代背景下，人们处于怎样的心理状况。这些难得的经验和智慧，会让咨询师深受来访者的欢迎和同行的尊重。

除此之外，充盈的自我价值感，也是这个职业值得从事的原因之一。大部分人在一个组织里工作了大半辈子，到了一定年龄就退休了。退休后，不可避免地会与社会脱节，从而导致自己感到生活空虚，失去价值感。**但心理咨询师主要仰仗自身的专业和经验独立工作，几乎都是活到老，干到老。**一部分经验丰富的心理咨询师还可以做督导，传授自己的经验。一直到晚年，心理咨询师的内心都会充盈着自我价值感和工作的意义感。

所以，这个行业里几乎没有退休的说法，只有告别。告别是指心理咨询师感觉到了生命的最后阶段，郑重地告知来访者："对不起，我的医生告诉我，我可能快不行了，所以我们过一段时间要停止咨询了。"然后针对来访者的需求，把他介绍到适合他的咨询师那里。行业里，很多年龄大的心理咨询师考虑到自身身体的衰老状况，也会请来访者尽可能提前来做咨询。我想，这就是有意义的职业生涯——直到生命的最后阶段，仍然用自己累积一生的经验和智慧去服务别人，给别人带来价值。

当然，心理咨询师职业还有很多非常值得从事的原因。比如，它是自由职业，不做咨询的时候，个人时间可以相对自由地安排。这份职业让一个人在完善自我、收获充盈价值感的同时，也给他带来了经济收入。

我能做心理咨询师吗

前面提到,心理咨询师可以相对自由地安排自己的时间。但这不是说心理咨询师想做什么就可以做什么,没有任何约束。他们也要根据来访者的预约时间来安排工作。

表1-1展示了心理咨询师一天典型的日程安排,你可以参考看看。

表1-1 心理咨询师典型的工作日程表

11:00—12:00	咨询个案
13:00—14:00	团体督导
15:00—16:00	咨询个案
18:30—19:30	案例讨论学习

也就是说,心理咨询师自由工作的前提是他要非常了解自己的精力和能力,合理规划每周的工作时间,以及每年休假的时间。只有这样,心理咨询师才能保持在一个良好的工作状态中。

除此之外,心理咨询这份"面对人心"的工作,还让从业者身上带有一些有别于常人的特质。我们一起去看看。

心理咨询师是怎样的一群人

·李松蔚

我们提到心理咨询师的时候，通常会有这样一种印象：他们很会共情，很懂得理解别人。但这些只是心理咨询师表面的形象，而不是他们给人的最直观的感受。

据我观察，心理咨询师在生活中是一群有点"磨叽"的人。

大部分人做决策时，会把自己的感受放在一边，先分析利弊，然后理性选择。与之相反，很多心理咨询师会先关注自己的感受，显得有点"磨叽"。

以我为例，我和太太买房子时，一家人都很着急，想快点拍板定下来。我就跟他们说，"现在拍板感觉有点太急了，我们先停一下，20分钟后再回来做这个决策，因为我感觉我们现在的状态不太好。"

有一位来访者告诉我，他当时给孩子办转学，在考察了好几所学校后，终于决定把孩子转到其中一所。就在办手续的节骨眼上，他朋友打电话来说，那所学校有什么问题，给他介绍了另外一所学校。

来访者接到电话后，特别不安，马上去考察了朋友介绍的学校。后来，在他已经向之前的学校交了预付金的情况下，毫不犹豫地把孩子转到了朋友介绍的学校。

听他讲这段经历时，我心想：换作是我，因为心理咨询师关注内心的工作习惯，我永远都没办法那么快做决定。我一定会在心里对自己说，如果那个人的电话让我那么焦虑，肯定是因为我有隐藏的不安。我会思考这种不安对我意味着什么，在这种情形下，我可能会先让孩子在原先定好的学校学习一年，在这一年里重新思考这是不是最好的选择，有没有更好的选择。这样一来，就显得比较"磨叽"了。

此外，我认为心理咨询师还是一群喜欢互帮互助的人。

每个咨询师每年所做的咨询是定量的。比如一位做长期咨询的心理咨询师，一位来访者需要服务很多年；他每周工作20个小时，也就是服务20位来访者，再多一点达到30个小时，工作量基本就已经饱和了。在这种情况下，即便有新的来访者想要预约他，他也服务不了，或是来访者得排很久的队才行。所以心理咨询师之间通常不存在和同行抢客户的情况。当自己的来访者需要新的咨询服务，或者自己的朋友想预约咨询时，咨询师也会把他们转介绍给同行。

正因为如此，心理咨询师之间的关系非常紧密。几乎每个心理咨询师都有自己的同辈支持团体，可能每周都会约在一起见面，提出来工作上的难题，大家也都会帮着出出主意。

大部分组织和个体都会追求新增用户，从而实现规模和效益的最大化。但一名心理咨询师，一年可能也就增加十几位来访者。单从数量上看，心理咨询师服务对象数量的增速之慢，本身就和这个时代的主流文化背道而驰。

而且，世界上大多数工作都是和事情的对接。比如互联网大厂里的软件工程师，他们编写代码是为了一个个具体的业务需求，让软件的功能更丰富、更好用，他们的工作成果也面向广泛大众。但心理咨询师是和个体的内心对接，他们学习的知识、使用的技术，都是为了更好地为来访者的"内心"服务，和来访者一起在内心世界漂流，所以工作成果也只有来访者自己能体会到。工作中所经历的高光时刻、挫折，也只有同为心理咨询师的人理解。他们内心往往会有一种在社会主流之外的"边缘感"。

这也是为什么心理咨询师如此渴望被世人理解，也格外理解世人。因为只有他们知道彼此在面对什么，也只有他们知道，在社会身份、地位、金钱、复杂的各色关系下，每个人在独自面对着怎样的人生。

我能做心理咨询师吗

心理咨询师并不"神秘",你可以把他们想象成你身边那些有点"敏感"的朋友——心理咨询师在咨询室里面对过人的痛苦、不安和创伤,所以会格外关注自己和身边人的感受。遇到让人焦虑不安的情况时,他们也会观察自己为什么会有这样的反应。

看到这里,相信你已经对心理咨询师以及从事这个行业的人有了更深入的认识。在此基础上,我们还要关注一个问题,就是如何成为心理咨询师。我们先来看看李松蔚老师的介绍——从哪些角度可以判断自己是否适合这一职业。

如何判断自己是否适合当心理咨询师

·李松蔚

村上春树曾把小说家群体比作擂台上的拳击手："跳上擂台很容易，要在擂台上长时间地屹立不倒却并非易事。"我觉得这个比喻同样适用于心理咨询师。

现在有很多人利用业余时间学习心理学知识，将心理咨询作为自己的副业。乍看起来，"擂台"上热热闹闹的，但若是要以心理咨询为志业，在行业里深耕的话，你可以先参考下面三条判断标准。

第一，你对他人的经历是否抱有好奇心？

如果别人向你倾诉痛苦，你却觉得这事儿跟自己没关系，完全不能激发你的好奇心，那你就很难干这一行。

反过来，如果你特别能共情他人的遭遇，总想替他做点什么，那么相比心理咨询师，你可能更适合从事公益、社工类的职业。

这是因为，心理咨询师要在一种非常微妙的平衡中开展工作——既对来访者的痛苦有同理心，又能和他的痛苦保持一定的心理距离——从而推动来访者发展出自己独立面对问题的能力，而不是替来访者把所有工作都做了。

第二，你对自己的认识是否足够清晰？你是否了解自己的成长经历、思维方式、文化背景？

假设你是一名不婚主义者，认为婚姻并不是一段滋养人的关系。遇到女性来访者向你抱怨她的先生时，如果你足够了解自己的价值观偏好，你就能保持中立地告诉她："我是一名不婚主义者，我对婚姻抱有一种批判性的态度。你要能区分我的建议是不是真的适合你，因为我的建议可能带有个人偏见。"而如果你对自己的认识不清晰，那么在咨询中就很容易出现"利用来访者的问题，来实现自己的价值和诉求"的情况。比如，用激烈的言辞攻击女性来访者的先生，或者将不婚的偏好硬塞给对方。

第三，你是否对心理咨询这份工作感到兴奋？

心理咨询师的日常工作，你一开始可能觉得挺新鲜的；但时间一长，你可能会对来访者遇到的糟心事儿，对那些"鸡毛蒜皮"打不起精神来，更想投入火热的现实生活中，去做一些你认为更有力量的事情。

行业里就有这样的同行,她本来是一个全职妈妈,想趁孩子白天上学,拿出几个小时接待想要接受心理咨询的来访者,在有收入的同时还可以开阔眼界。在刚起步的阶段,这份工作给她带来了很多滋养。但做了几年后,她觉得心理咨询的日常工作变得越来越乏味,最后放弃了这份职业。

所以,在你希望在心理咨询这个领域深耕之前,请参考这三条判断标准,看看自己和这个职业的"适配度"。虽说成为心理咨询师没有什么标准答案,但这三条判断标准能让你比较直观地了解这一行看重候选人的哪些特质。

还有一个你可以借鉴的判断方法是,直接去做一次心理咨询,从来访者的角度感受心理咨询师的工作内容。然后你可以问问自己:你愿意坐到对面心理咨询师的位置上,每天面对这样的工作内容吗?你愿意长时间投入这项工作,为眼前的来访者服务吗?此番灵魂拷问后,你会对自己想不想从事这一职业有更客观的认识。

在那之后,摆在你面前的是一个新问题:到底如何入行?

你可能会上网搜索"如何成为心理咨询师",一边看着网页上蹦出来的各种消息,一边在心里打鼓:"这到底靠谱吗?"接下来,我们一起拨开迷雾,看看入行的路径在哪里。

成为心理咨询师的路径在哪里

· 刘丹

在回答"如何成为一名心理咨询师"之前,我们可以先看看有志于从事这一行的人都有哪些。

我认为主要分为两类,一类是希望跨行业/专业成为心理咨询师的人,另一类是有心理咨询相关学科背景(主要为心理学、医学、教育学、社会学、社会工作专业)的人。

如果你属于前者,我给你的建议是,请不要轻信互联网上铺天盖地的让你报名学习心理咨询的广告,诸如"利用业余时间,偷偷考个心理咨询师证""零基础,一个月跨行成为心理咨询师"。

2017年人力资源和社会保障部取消心理咨询师认定资格证考试以后,至今没有推出官方的考核标准。培训机构颁发给你的所谓"心理咨询资格证"并不能作为合法的执业资质。

至于"零基础,一个月跨行成为心理咨询师"这样的广告语，更是要警惕。因为心理咨询作为专业工作，有一套完善的、体系化的培养机制。没有人可以在一个月内跨行成为心理咨询师！

我们可以横向对比美国和德国这两个国家对心理咨询师的培养机制：首先要完成临床心理学硕士课程的学习；硕士毕业后，还要在督导的指导下，累积3000小时的实习咨询时长。具备这两个条件后，才可以报考心理咨询师的执业资格考试。而一名合法执业的心理咨询师的标志，是通过执业资格考试、取得执照。

目前我国对于心理咨询师的培养机制还没有那么完善，但这也不意味着它所具备的专业技能可以速成。这样做，很可能因为错误的操作伤害来访者，甚至断送自己的职业生涯。

如果你属于后者，你首先要认清的一点是，心理学、医学、教育学、社会学和社会工作这五个专业，它们只能作为专业背景，无法被当作职业资质。也就是说，即便你有相关的学科背景，在没有接受专业训练之前，你也无法从事心理咨询的工作。

你可能会问，上面两类人的起点不同、学科背景也不同，这是不是意味着他们成为心理咨询师的路径不同呢？

其实并不是。无论你属于哪一类人，通往心理咨询师这个职业的路径是相同的。

目前相关部门正在探索用学历教育的模式培养心理咨询师。2022年1月20日卫健委对十三届全国人大会议第1089号建议的回复，还有2022年5月1日开始实施的《职业教育法》都明确提出，要加强社会心理服务专业人才的学历教育。也就是说，就像当医生要先去读医学院一样，想当心理咨询师，也要先在学校接受专业项目的培养。

但这样的培养方式尚处于试验阶段。如果你希望现在入行，可以参与的试点项目包括北京大学心理与认知科学学院临床与咨询心理学专业硕士项目、北京师范大学心理学部应用心理学专业硕士临床与咨询方向（非全日制）、华中师范大学心理学院临床与咨询心理学专业硕士项目（非全日制）等。从这些项目毕业后，你就拥有了合法的执业资格和基本的专业技能。

当然，心理咨询行业和其他很多行业一样，要接受行业协会的管理和监督。所以，专业硕士毕业后，你需要选择去中国心理学会、中国心理卫生协会、中国社会心理学会（任选其一）进行资质注册。协会会对你的资料进行审核，成功注册后，将监管你的从业过程，并要求你参加定期的培训、定期更新你的从业资质等。

是否要成为协会的注册心理咨询师,目前官方没有强制要求。但如果你想以更符合行业规范的方式成为心理咨询师,这是一个必要的选择。

现阶段心理咨询师行业还存在很多虚假培训的广告,也有不少非法执业的心理咨询师。这样不仅损害来访者的利益,也损害心理咨询师自身的利益。如果你想入行,在这个行业长期、稳定地发展,最好通过正规途径,走国家规划的道路。

如果你有心理咨询相关学科背景,以下讲解不容错过:你可以通过参加社会培训项目的方式提升自己的专业能力。

选择培训项目时,可以参考张海音老师提供的三个维度进行选择。

第一,考察培训项目中是否包含完善的知识系统。比如,有没有发展心理学、心理测量学、异常心理学等心理学知识,以及精神分析、人本主义、行为认知等主流心理咨询流派的基础知识。

第二,考察培训项目和授课老师的资质。项目最好经过前文提到的三大协会的认证;培训老师最好来自行业内认可的专业院校或医院,比如北京大学、北京师范大学、华东师范大学、复旦大学等高校的心理院系,或者北京大学精神卫生研究所、上海市精神卫生中心、武汉市精神卫生中心等。你还可以看看培训老师是否在行业协会完成了资质注册,注册时间是哪一年。通过这些,你就可以判断出他在行业里的资历如何。

第三,考察培训项目是否提供实践机会。培训项目有实践机会当然更好,如果没有,你也可以关注首都医科大学附属北京安定医院、上海市精神卫生中心,以及其他综合三甲医院的微信公众号和官方网站。它们通常会定期发布精神科医生实习的招聘信息。

接下来我们要关注的是心理咨询师的生存处境,就从这一行的收入情况开始说起吧。

心理咨询师的收入情况怎么样

・李松蔚

入行前你可能认为，心理咨询师作为一种自由职业，靠有没有来访者吃饭，收入肯定很不稳定。但入行后，你很快会发现，心理咨询师的收入来源非常稳定。只要没有职业上的过失，你的收入就跟积累的能力、经验一样，会逐年上升。

首先，心理咨询师的收入大部分来自咨询带来的收入[1]，而咨询费用是按小时计算的。不存在一些行业经常有的"做完项目收不回尾款"的情况。

其次，心理咨询师每周的咨询时长几乎是定量的，1小时[2]服务一位来访者，一周大约服务20位来访者，也就是20

---

1. 除了咨询带来的收入，还会有培训、直播、督导等工作带来的收入。
2. 有的咨询师会把咨询时长设置为1小时，有的会设置为50分钟。此处为了更方便地计算收入，将咨询时长写为"1小时"。咨询设置有具体的规范，你可以参考"新手上路"部分的咨询设置。

个小时[1]的咨询时长。

请注意,这并不是指工作时长为20个小时。除了咨询,心理咨询师还要准备来访者的资料、复盘来访等,但收费仍按咨询时长计算。

再次,心理咨询师从新手到专家,每个阶段的咨询费用在行业内已经达成了一定共识,一般不会出现太大的差异。

但你需要了解的是,如果你挂靠在机构做咨询,由机构提供场地,完成与来访者沟通、预约等工作,你就要给机构一定的提成。如果你不在机构里工作,那么你还要支付使用场地的租金、助理的薪酬等。

刨去这些成本,你每个阶段的月收入大致在什么范围呢?

先从有 500~1000 小时[2]咨询时长的新手咨询师说起。这个时候,你的客源有限,每周咨询时长差不多在 10 小时。扣除平台的分成费用(心理咨询师和平台之间的分成比例一般为 6∶4)[3],每周有 1000 元左右,一个月大约是 4000 元。但

---

1. 一周 20 小时是参考咨询时长。在实际工作中,心理咨询师可以根据自己的状态和来访者的数量,减少或增加一周的咨询时长。

2. 行业内普遍认为,咨询时长小于 500 小时的心理咨询师属于实习咨询师,需要投入大量的时间和精力练习,还没有固定的收入。这里我们呈现的是咨询时长大于 500 小时的心理咨询师的收入水平。

3. 值得关注的是,提供实地咨询空间的咨询机构抽成比例较高,网络平台的抽成比例较低。

因为刚开始独立执业，你还需要付费请督导指导自己的咨询。所以在这个阶段，特别是咨询时长为 600～700 小时的阶段，你很难做到收支平衡，甚至有可能要倒贴钱。

等你的工作时长累积到了 1000～2000 小时，你就进入了有经验的心理咨询师的行列，收入也逐渐趋于稳定。在这个阶段，你 1 小时的咨询费用在 300～700 元，来访者数量稳定在每周 15～20 个，对应 15～20 小时的咨询时长。按一周 18 个小时、每小时 500 元的咨询费用计算，再刨除给平台的分成，每个月的收入在 21600 元左右，年收入则在 25 万元左右。

这是一线城市的收入，在二三线城市，成熟心理咨询师的月收入也能达到 1 万元左右。在这个阶段，你只有遇到个别棘手的咨询个案时才会寻求督导的帮助，不像新手阶段需要督导手把手指导。你每年支付的督导费用在 10000～20000 元。

等你积累了 3000～5000 小时的咨询时长，甚至更多的时长以后，你就是行业里资深的咨询师了。你一个小时的咨询收费为 800～1200 元。在这个阶段，来访者找你咨询往往需要预约排队。而你的总收入仍然按照上面的收入结构计算。

所以，只要撑过新手期，心理咨询师就是一个能一步步获得稳定收入的职业。

《2021 心理健康行业年度报告·中国大陆心理咨询师画像》显示，48.74% 的心理咨询师年收入低于 5 万元，9.56% 的心理咨询师年收入超过 30 万元。分析不同经验心理咨询师的收入可以发现，心理咨询师的整体年平均收入随着个案经验积累而增加，咨询时长到 5000 小时以上时，年收入增速相对较快于 5000 小时以下。

那你可能会问，心理咨询师前期的经济压力那么大，我可以把它当成一份兼职或者副业来做吗？

答案是不建议。

简单心理的一项调研显示，每周开放咨询 15 小时以上的心理咨询师，年平均收入超过 22 万元；每周开放咨询 10 小时以下的心理咨询师，年平均收入则在 5 万元左右。[1]

工作量不饱和，能力难以提升，投入又大——如果把心理咨询师作为一份兼职工作从事，很有可能出现投入大于回报、疲于应对的情况。

---

1. 简单心理：《2021-2022 大众心理健康洞察报告》。

心理咨询师可能面对哪些风险

·李松蔚

提到心理咨询师的职业风险,可能很多人会觉得,来访者会在咨询中表露各种极端的负面情绪,甚至展露心底的黑暗面,如果心理咨询师不能很好地消化它们,可能就会出现"凝视深渊过久,深渊将回以凝视"的情况。

其实,在专业的咨询中,没有接收所谓的"负面情绪"之说,也不存在所谓展露"心底的黑暗面"。来访者在咨询过程中的表达,是让心理咨询师可以更好地了解他的工作素材,所以这些都不是真正的职业风险。

你在工作后真正要面临的职业风险,有以下三个:

第一,**伦理风险**。你作为心理咨询行业的从业人员,要理解相关的行业伦理规范。

比如,行业伦理守则规定,心理咨询师和来访者之间最好保持单一的咨访关系。一旦你和来访者之间发展出双重,甚至多重关系,处理不好的话,你就会受到相关伦理制裁。

如果你和来访者、来访者的家属之间发生了性或亲密关系，再或者你给曾经有过亲密关系的恋人做咨询，就触犯了行业红线。一旦出现这类行为，心理咨询师的职业生涯基本就算到头了。[1]

那家人或者朋友找你做咨询呢？答案非常明确，拒绝，把他们转介给合适的心理咨询师。因为按照伦理规定，心理咨询师与朋友、亲人之间无法保持客观、中立，所以不得与之建立专业的咨访关系。如果你答应了，也属于违反行业伦理规范。

心理咨询师还有可能涉及一种更复杂的朋友关系，就是你和来访者本来不认识，你们建立了咨访关系，但你在给他做咨询的过程中，你发现他和你的另外一个朋友认识——这就涉及了三角化的复杂关系。

我之前就遇到过这样的情况。我的一位来访者在咨询过程中谈到了他和自己学校领导的冲突，但那个学校的领导我本来就认识。后来校领导给我打电话，想约我谈谈他们学校发生的一件事，我猜想应该就是我的来访者在咨询中谈到的

---

[1]. 除了咨询过程中不能发生性关系，心理咨询师在和来访者结束专业咨询后，仍然不能与其发生性或亲密关系。《中国心理学会临床与咨询心理学工作伦理守则》（第二版）1.9条规定：心理师（心理咨询师）在与寻求专业服务者结束心理咨询或治疗关系至少三年内，不得与其或其家庭成员发生任何形式的性或亲密关系，包括当面和通过电子媒介进行的性或亲密的沟通与交往。如果三年后发展此类关系，要仔细考察该关系的性质，确保不存在任何剥削、控制和利用的可能性，同时要有可查证的书面记录。

事，所以我明确拒绝了。

这种情况在一线城市相对较少，在二三线城市会经常遇到，处理不好也会涉及伦理风险。

此外，你还不能和来访者之间发展出职业关系。什么意思呢？比如你的来访者是房地产经济人，你觉得在他这里买房子能拿到更多的折扣，就找他买了。这也是违反行业伦理规范的行为，因为你在利用心理咨询获得额外的好处，属于"剥削"来访者，当然要受到相应的制裁。

还有，如果你在公开场合，无论是线下演讲，还是线上视频宣讲，要把来访者作为案例讲述，应取得来访者同意，并在案例中隐去来访者的可识别信息。如果没有这么做，你也会因此受到伦理制裁，因为你违反了伦理守则里的保密原则，泄露了来访者的隐私。[1]

第二，法律风险。 2017年6月，在美国伊利诺伊大学厄巴纳-尚佩恩分校访学的中国学者章莹颖被该校一名博士研究生克里斯滕森杀害。在杀人犯罪前11周，克里斯滕森曾经到学校的心理咨询室寻求过心理辅导。当时，他跟心理咨询师透露出了想要杀人的想法。案发后，章莹颖的家人起诉了心理咨询师。因为按照规定，如果来访者透露出自杀、伤害

---

1. 在本书"新手上路"的"伦理守则"部分还会有更详细的讨论。

他人、危害国家安全的想法时，心理咨询师需要突破保密原则，及时联系相关部门，或者联系他的紧急联系人。

介于法律风险和伦理风险中间地带的问题，也值得我们关注。比如你的来访者有像肺结核这类的传染类疾病，他在咨询过程中透露了出于不平衡心理，有可能会做一些扩大传染的事情。这不属于明文规定的范畴，但会考验你，在遵守保密原则的同时，能多大程度上阻止你的来访者伤害其他人。

第三，**心理风险**。你和来访者之间可能会在价值观上产生冲突。比如你的来访者在咨询中说他出轨了，现在他正在想怎么隐藏出轨这件事，让他可以脚踏两条船。这时候，大部分人可能认为这种事情怎么能允许呢，肯定要制止呀！但你不能替来访者做决定，也不能跳出来评判来访者的对错。一旦这样做了，你就离开了心理咨询师的专业位置，变成了情感调解员，或者社会上的道德评判者，你就没办法分析来访者行为背后的隐因，而这样不利于来访者做出更适宜的决定。

你只能在咨询中保持平静，继续和来访者做咨询。但你可能会在心里反复问自己：为什么我要做这样的事？明明我不认可这种行为，为什么还在为他提供服务？我是不是一个坏人？……被这种自我质疑日复一日地"侵蚀"，久而久之，心理咨询师的内心里可能就会有一艘锈迹斑斑、吸附着满满藤壶的"沉船"。

成为心理咨询师，一方面你要担负起保护来访者秘密的责任，另一方面也要承担相应的风险。上面提到的伦理风险和心理风险几乎是心理咨询师的日常考验。法律风险虽然非常少，但不代表不会发生。所以这也是每位行业从业者，以及想要进入这个行业的人需要审慎面对的。

如果你和行业里的人聊天，可能会有人告诉你，心理咨询师是一个高危职业。

一项研究显示：在美国，大约 40% 的心理学家会在职业生涯中被来访者投诉，伴随而来的是行业的审查和赔偿等。

除了被投诉，心理咨询师还有可能面临来访者的自杀威胁、因为过度卷入来访者情绪而出现自我精神损伤等风险。

心理咨询师也有可能遭遇一些有严重心理障碍，比如人格分裂症的来访者的言语或肢体攻击，甚至是人身伤害。即使来访者没有严重的心理障碍，当他们处于比较激动的状态时，也有可能做出攻击心理咨询师的举动。

行业里目前有购买心理咨询师职业保险的情况，你可以咨询相关保险机构，或者心理咨询平台。除此之外，如果你选择这个职业，还有两个问题对你后续的发展至关重要，我们一起去看看。

心理咨询师只能在一线城市工作吗

·刘丹

心理咨询师在未来有很大的发展空间。人在亲密关系中的困扰,在工作过程中的焦虑等,都是可以通过心理咨询解决的。世界卫生组织曾提出,建设一个心理健康社会的指标是"每一千个人拥有一个心理咨询师"。以美国为例,美国总人口3.3亿,从事心理健康相关服务的人员数量在30万左右。但中国目前有超过14亿人口,正在执业的心理咨询师只有3万多人,参考世卫组织的建议,未来中国需要130多万名心理咨询师。

当看到社会对心理咨询师如此巨大的需求时,我们也必须直面一个问题:这样大量的需求,是不是只集中在北上广深等大城市?在非一线城市当心理咨询师是不是就没什么发展空间了?

当然不是,未来即便你不在一线城市工作,也会有很好的发展。

这首先得益于国家政策层面的推动。《全国社会心理服务体系建设试点工作方案》指出，截至2021年底，试点地区要逐步建立全社会心理服务体系，其中大多数试点地区设置在大城市郊区，或者三四线城市。比如，北京市的试点地区设立在房山区和怀柔区，贵州省的试点地区在六盘水市，云南省的试点地区在临沧市。这就表明，国家下决心将心理咨询服务落实到更多地区，而不仅仅局限于一线城市。

具体如何建设呢？政策要求，在试点地区80%以上的县城、乡镇、村庄以及城乡社区开设心理咨询室；各大中小学校按照4000名学生配备一名专职心理健康教育专职教师的方式进行配备。除此之外，还要在各党政机关、企事业单位设立心理健康辅导室，各精神专科医院全部设立心理门诊，40%的二级综合医院开设心理门诊。

据国家卫健委消息，全国试点地区基层服务体系已基本建成。以试点地区山东省青岛市为例：青岛市城阳区建立了228个社会心理服务中心，通过心理微课堂、心理援助热线等服务，向当地市民推广心理健康常识。

简单心理发布的一项针对心理咨询来访者所在城市的调查显示：2014年，70.64%的来访者来自一线城市；到了2020年，一线城市来访者占总来访者的比例下降至53.31%，其他城市来访者的数量则有显著上升。这说明，在国家相关政策推动下，全国各地的心理服务体系逐渐完善，一线城市和其他城市来访者占比的差距正在缩小。

此外，移动互联网扩大了心理咨询师的服务范围、增加了来访者的预约渠道，同时也增加了心理咨询师在非一线城市执业的可能性。

我们来比较一组数据：2021年，有52.48%的来访者选择线上咨询。虽然其中有疫情原因，但即便在非疫情时期，比如2018年，线上咨询的比例也占到了40.12%。

所以，即便在非一线城市工作，你也可以通过申请入驻线上平台，在线上为其他地区的来访者提供服务。当然，等你入驻平台以后，你所在地区的来访者也可以通过平台预约你的线下咨询服务。

但这并不意味着你在非一线城市工作就没有挑战了。我认为，心理咨询服务在中国尚处于普及阶段。在非一线城市工作，你就要积极面对所在地区人们对心理咨询认识还不够充分、线下来访者数量还不够多、咨询频率还不够稳定的考验，积极把挑战转为机会。

比如，你可以定期组织线下心理学讲座，和当地的精神科医生进行合作，加强双向转介，以及和当地的心理咨询师形成同盟，共同宣传、互相转介来访者，从而获得更多稳定的线下来访。

未来人工智能会取代心理咨询师的工作吗

·陈海贤

在人工智能时代,很多职业都有被取代的风险。心理咨询师这个职业有可能被取代吗?

以我的理解,心理咨询师是最不可能被人工智能取代的工作之一。

在韩国 MBC 电视台播出的纪录片《与你相见》中,讲述了一个技术团队使用增强现实技术(AR),帮助一位妈妈疗愈心灵的故事。

这位妈妈的女儿患血癌去世后,她一直活在对女儿的思念和愧疚中,非常渴望再见孩子一面。这个技术团队就模拟出了女儿的形象,让这位妈妈戴上 AR 设备和自己的女儿见面。

在虚拟情景中,她看到久违的女儿跑过来和她说:"妈妈，我一直很想你。"她可以和女儿拥抱，一起分享生日蛋糕，唱生日祝福歌。到最后，女儿请求她和家人照顾好自己，然后变成了一道白色的光飞向空中。

这就是通过模拟化体验的方式，来疗愈这位母亲因女儿离世所承受的创伤。而我举这个例子恰恰是想说明，虽然人工智能可以模拟心理咨询师和来访者之间的互动，但它终究无法取代心理咨询的核心——在真实的关系中，心理咨询师对来访者的回应和反馈。

人是关系的动物，我们的伤害在关系里产生，疗愈也在关系里产生。

心理咨询师可以回应来访者的情感、接收来访者的投射等，再给予他有帮助的反馈和互动。比如你的来访者，他父亲在他心中是很权威的形象，他在生活中一面很遵从自己的父亲，一面又很想向父亲证明自己。于是，他在咨询过程中不自觉地把内心父亲的形象投射到你的身上，无论你和他说什么，他都想和你较劲，企图证明自己是对的，错在你。其实他真正较劲的，是他心中投射在你身上的"父亲形象"。

这时，你就可以给他一种矫正性的体验："你说得很好，我们不要再较劲了，让我们一起通过合作来解决你的问题。"

这样个体化的回应和反馈，是人工智能无法做到的。再精密的人工智能也无法取代人类生物性本能的感知系统。

如果一个人感到难过，对着机器哭泣，机器可以给他递纸巾，安慰他，却无法体会他为何哭泣，他的心里有多痛。而心理咨询师可以真切地感受他的情感变化，给予他相应的回应，让他被理解、被关注、被在乎、被帮助，从过去困扰他的经历中重新站起来。

未来人工智能会让心理咨询变得更快捷，也更普及，但它始终无法取代我们这个职业的核心。因为每个人在和自己、父母、同事、世界的关系中受到影响，最终也要回到真实的人和人的关系中，才能得以愈合，并在自我中生长出新的力量。

看到这里，你是不是还有一丝困惑，如果人工智能的发展在未来超出了人们的想象呢？现在炙手可热的ChatGPT就是一个典型的例子，最初上线时，它的反响平平；但在短短几个月的时间里，ChatGPT的更新迭代超出了很多人的想象。现在，你向它倾诉情绪问题，它会及时安慰你，并给出舒缓情绪的建议。一方面，这让人们大呼很治愈；另一方面，这是不是意味着心理咨询师会被ChatGPT取代呢？

答案是不会。正如同ChatGPT自己的回答，作为一个AI机器人，它无法替代真正的人类心理咨询师。它可以提供建议、资源和参考，但不能真正理解、感知或解决人类情感和心理方面的问题，也无法进行真正的心理咨询。

比如，心理咨询师发现来访者在咨询过程中表现得很怯懦，那么他可能会沿着这条线索去探寻来访者不敢说话的原因。而这名来访者面对 ChatGPT 时，可能完全没有怯懦的感觉；相反，他觉得自己想说什么就可以说什么，有一种发泄的快感，真正给他带来困扰的心理问题却在这个过程中被忽视了。

当然，如果你想成为一名心理咨询师，在人类与人工智能共处的未来世界，建议你要持续关注人工智能领域的最新技术，学习如何把它更好地应用到工作中，以及根据技术发展来调整自己的工作方式。

至此，你已经看完了第一章的内容。相信你对心理咨询师有了基本的了解，你心目中心理咨询师的形象也更鲜活、饱满了。接下来，我们还有更多精彩的内容要看。休息片刻，马上出发。

CHAPTER 2

第二章
新手上路

现在，我们来到了本书的第二章——新手上路。顾名思义，这一章将为你预演一个初入行的小白逐渐成为一名独立执业的心理咨询师的过程。

首先是入行准备阶段。你可能是一名高中生，因为不知道高中阶段要为找工作做哪些准备而深感迷惘。你也可能已经有了心理咨询相关的学科背景，或者想从其他行业转行成为一名心理咨询师，你不知道这条路该怎么走，为该做哪些事、往哪个方向发展而苦恼。

在很长一段时间里，你可能都处于"只有投入，没有收入"的状态。这是因为，为了累积经验，你需要做低价，甚至是免费的咨询，同时每个咨询都要支付督导指导的费用。你感到压力非常大。但是别担心，我们准备了充足的资料，来帮你在这一行站稳脚跟。

其次是独立执业阶段。你已经累积了500小时左右的咨询时长，获得了督导、来访者和实习机构的认可。这时，你面对的难题是如何依靠心理咨询"活下来"。

"活下来"不仅是实现收支平衡那么简单：你要不断地寻找来访者，还要应对来访者在咨询过程中带给你的重重考验。

考验多，意味着收获也多。我们为你准备了应对考验的方法，让你在"升级打怪"的途中收获满满。

很多人认为，新手阶段是心理咨询师职业生涯中最为艰难的阶段。所以，我们会用全书最长的篇幅来讲解这个阶段的注意事项。现在，我们从"入行准备"开始出发。

◎ 入行准备阶段

高中阶段，你要做好哪些准备[1]

如果你有志于成为一名心理咨询师，那么在高中阶段你就可以做一些准备了。虽然了解这个职业的渠道有很多，但是你会发现，各个渠道的信息繁杂，有的甚至相互矛盾。你看了一堆资料，到最后还是不知道该如何准备。所以，我们为你提供了一份心理咨询师这个职业在高中阶段的准备清单。

你要做的第一个准备，是对心理咨询师如何入行有清晰的认识。

前面提到过，你可以跨行业 / 专业成为心理咨询师，也可以在获取心理咨询相关学科背景后成为心理咨询师。你可能会问：既然可以跨行转入，那还有必要在大学读心理咨询的相关专业吗？是不是可以先学其他专业，之后再跨行转入呢？

---

[1]. 本篇内容由编著者根据相关参考资料和访谈整理而成。后文有未标注受访者的文章，也是这种情况。

事实上，你还是很有必要在大学期间学习心理咨询相关专业的。请想象一下：如果你是来访者，有两个不同背景的咨询师供你选择，一个是半路转行进来的，另一个则有心理学专业背景，毕业后还参加了社会培训项目来提升自己的专业能力。你更愿意选择谁呢？

你大概率会选择后者，因为后者让你感觉更专业、更可靠。而且，如果你在大学学习了心理咨询相关专业，本科四年，再加上两三年的专业训练，就相当于你在行业里已经有六七年的积累了；而转行进来的人最多只有两三年的积累。除了更受来访者的信任，你在行业里的认可度也会更高。

所以，在大学学习心理咨询相关专业是一条更好的入行路径。在此基础上，**你要做的第二个准备，是了解各个细分专业。**

目前我国的心理学类专业分为应用心理学专业和心理学专业。有的学校两个专业都有，有的学校只有心理学专业。

光看名字，你可能以为应用心理学专业更偏向于实践，而心理学专业更偏向于理论。实际上，这两个专业在本科阶段的课程都以理论为主。所以，建议你在了解细分专业的同时，也要关注开设心理学、应用心理学专业的学校有哪些。

这就是你要做的第三个准备，选择合适的目标学校。在高等教育评价机构软科发布的排名中，2022年，中国心理学学科院校排名前十的分别是北京师范大学、华南师范大学、北京大学、西南大学、华东师范大学、华中师范大学、山东师范大学、浙江大学、南京师范大学和上海师范大学。除了心理学学科的排名，你在选择大学时还应该考虑哪些要素呢？

你要先考虑学校的综合排名和声誉。你可以把心理学学科院校排名名单中的"985""211"找出来，优先考虑这些学校。如果你的分数达不到，你还可以找找名单中位于北京、上海、广州、深圳等一线城市的其他学校。这些学校虽然是"双非"，但它们背靠一线城市，有更好的学术资源和更多的实习机会，对你未来从业也更有帮助。如果你在一线城市也没有找到合适的学校，长沙、成都、苏州这些新一线城市里的高校也值得关注。据调查显示，这三座城市的心理咨询机构数量在全国名列前列[1]，对你未来的学习和实习都会有很大的帮助。

你要做的第四个准备，也是经常被忽视的准备，就是实地考察。 建议你在确定意向学校后，利用课余时间，或者高考出分前一个月的时间去意向学校实地考察，向心理学专业

---

1. 贝壳财经：《心理咨询需求爆发式增长！全国心理咨询企业超17万家，上海最多》，https://baijiahao.baidu.com/s?id=1711951919217253037&wfr=spider&for=pc，2023年1月28日访问。

的师哥师姐当面请教，问问他们学习这个专业的真实感受，再来作判断。

成为心理咨询师是一条漫长的路。前期准备得越充分，未来的路就会走得越从容。

进入大学后，按照心理学专业的课程设置，你要学习普通心理学、实验心理学、生理心理学、发展心理学、教育心理学、心理统计、心理测量、心理学史、社会心理学等多门课程[1]。但就像我们在前面说的，这些课程大多是理论层面的，而心理咨询师是一个非常需要实践经验的职业。那么在大学期间，你又要为将来的执业做哪些准备呢？我们一起去看看。

---

1. 此处参考自北京师范大学心理学部本科生心理学专业课程设置，详见：https://psych.bnu.edu.cn/rcpy/bkspy/index.htm，2023年1月30日访问。

大学阶段，如何为以后的工作做好准备

入行标准：想在这行站稳脚跟，主要看什么

·刘丹

大众对心理咨询师普遍存在很多错误的认识。我自己在生活中就遇到过，常常有人问我："你是学心理学的，是不是一眼就能看透我在想什么？"还有的人把这份职业看得过于简单，认为心理咨询师就是热心肠、乐于助人。这些认识让很多人误以为，只要自己喜欢心理学、喜欢研究人的心理，就可以成为一个不错的心理咨询师。

我认为，想成为心理咨询师，必须要先清楚三条入行标准：标准职业、标准专业、标准服务业。

先来看第一个标准，职业。 职的左边是"耳朵"，右边是"只"，意思是你必须听清楚、弄明白自己"只"能干什么。你必须按照职业规范工作。

比如遵守心理咨询中的时间设置。你可能觉得不就是时间嘛，来访者有很多东西要表达，我就多听一会儿，晚点儿就

晚点儿呗。但是试想：你这样做，不仅来访者会越来越没有时间概念，还会影响后续咨询的时间安排；机构的负责人也会觉得你连准时结束都做不到，因此怀疑你的专业能力；连续几次之后，你的工作可能就保不住了。再比如按照一定的要求穿着。假如来访者看到你穿着一套松松垮垮的衣服，他可能会下意识地想："你是值得信任的吗？你搞得定我的问题吗？"

这是一项面对"心理"的工作，来访者内心流动的任何感受都会影响咨询效果。而且，如果不符合职业规范的情况多了，这个行业也会失信于社会大众。按照职业规范工作，不仅是让自己的工作做得更标准，其实也是在维系社会对心理咨询师这一群体的信任。

再来看第二个标准，专业，它是指从业者需要经过非常专业的培训。我们可能经常听到一些刚工作几年的心理咨询师说，我是因为特别喜欢这个职业，有一份爱心才来的。但这只是入行的最低标准。事实上，很多心理咨询师在工作中操作不当，就是因为"爱心太重"。

举个具体的例子：来访者在咨询快结束时突然哭起来了。很多心理咨询师觉得来访者都这样了，我就多陪他一会儿吧，结果一陪就是半小时。从"爱心"的角度来看，这样做好像没有错；从专业的角度来看，却很有问题——来访者突然哭起来，到底是为什么哭？他有没有可能正在面临危险？要不要进行专业的危机评估？如果来访者没有危险，心理咨询师陪了他半小时，自己没有得到很好的休息，那么下一个来访者到来时，还能提供好的咨询服务吗？这次心理咨询师没有用专业的方式结束咨询，来访者知道在咨询快结束时哭，心理咨询可以延时，那么下次他就慢悠悠地出门、晚到，然后又在咨询结束时哭起来了，你该怎么办呢？

在工作中还会出现很多意想不到的情况，如何应对处理，有一套专业的操作规范，这些都是要接受专业培训才能习得的。

第三个标准，服务业。 你可能觉得心理咨询师高高在上，是在"帮助别人"。但心理咨询本质上是服务业，要为来访者提供服务，满足其核心需求。来访者也拥有评价心理咨询师工作好坏的最终发言权。

来访者的核心需求是什么？解决心理困扰，促成改变。所以，如果在心理咨询的过程中，你使用了过去学到的方法，却没有真正解决来访者的问题，甚至很多工作方法让来访者觉得不舒服时，你不能认为"这是我目前学过的最高级的方法，我已经很努力地给你做了，你应该觉得好才对"。这样想，不是在服务来访者，而是在满足自己"很努力地帮助别人"的心理需求。如何更好地服务来访者，正是你在之后的工作中要不断反思、精进的地方。

以上三条从业标准，只是从业的起点。只有在清楚了解这些标准的前提下，不断精进，你才能依靠心理咨询谋生，在行业里站稳脚跟，获得认可和尊重。

了解完入行标准后，你要做的第二项准备工作就是申请去咨询机构实习。你可以借着这个机会了解心理咨询的流程，还可以看到心理咨询师真实的工作场景。

选择实习机构时，又有哪些注意事项呢？我们一起看看刘丹老师的解答。

实习机构：怎样选，可以少走弯路

·刘丹

从事一个职业最怕什么？走弯路。走弯路的原因，大部分都是一开始学习了错误的行为，后来不得不付出更多的精力、时间成本来纠偏。很多刚入行的实习咨询师，随便找一家私人机构实习，虽然在那里累积了一定的个案经验，但因为很多机构的操作流程不规范，也给他们之后的工作留下了很多隐患。

行业里曾经出现过这样的恶性事件：一位在私人机构工作的心理咨询师，在咨询室里被有暴力倾向的来访者打了。挨打之后，他什么都没说，也没做咨询记录，机构里也没有人注意到异常情况，他自己选择从这家机构离开了。之后机构又安排了其他人给那位来访者做咨询，结果来访者又一次动手伤害了心理咨询师。机构的人经过调查才了解到，原先那位心理咨询师是因为暴力伤害才离开的。

暴力伤害可能会给心理咨询师带来一定的心理阴影。以后他再做咨询时，碰到和暴力有关的话题就会特别敏感。如果创伤特别严重，他甚至可能会没法继续从事这份工作。

选择操作流程规范的机构实习，首先，你会得到很好的保障。在一名来访者预约时，机构前台会询问他的基本情况，给他做量表的筛查，看看他的焦虑程度、抑郁程度，再根据他的情况，给他预约合适的心理咨询师。如果他的情况比较严重，根本不会安排还是实习生身份的心理咨询师给他做咨询。

其次，你会更有职业竞争力。以危机处理为例，来访者自杀、他杀的比例通常是比较低的，在5%左右，很多机构觉得反正很难碰到，也就不再专门培训考核，导致很多心理咨询师在实习时没有认识到它的重要性，压根儿没有这方面的处理经验，结果一遇到危机就出问题了。而如果你在一家规范的机构实习，就会被安排模拟练习如何应对危机，考核通过以后才能上岗。在工作中,假如是前台没有筛查出的具有危险性的来访者和你做咨询,你按照危机处理培训的内容处理完之后,机构的督导也会检查你的工作。比如危机评估的范本要求你问来访者五个问题,但是你只问了三个,督导就会问你为什么没有做到,要求你重新练习,直到你能全部完成为止。

值得一提的是,在一家流程规范的机构参与危机个案,除了前期的评估是你自己做,其他工作,包括如何把来访者转介到精神科、如何联系他的家属、如何写危机记录等,都会由机构的接待部门和有经验的心理咨询师带着你处理,你可以从中学到非常规范的操作方式。此外,危机个案有可能牵涉法律事件,心理咨询的危机记录将会作为法律证据存在。在准备相关资料的过程中,同样有很多你可以学习的地方。

可以这么说,你能在一家流程规范的实习机构获得全方位的支持,即便离开了那里,你也将不断因为选择了这样的起点而受益。

在寻找机构实习时,你还可以参考以下几点,它们是一家正规机构应具备的基本条件:

1. 具备正规的商业营业许可证,许可证上清楚标识了所属行业和经营范围;

2. 具备机构所有心理咨询师的照片、培训背景、工作方法、从业年限、咨询时长等,对外有完整的介绍;

3. 具备专门负责接待分配来访者给合适的心理咨询师、回访来访者的服务人员,危机处理团队(大型机构有专门针对不同人群的危机处理团队,比如老年人的危机处理,小学生的危机处理),督导指导和同辈支持小组;

4. 干净整洁、保证隐私性的咨询环境,专门的咨询时间、收费设置。

除此之外,你还可以参考中国心理学会官方网站注册实习机构名录中的实习机构进行选择。

自我体验:为什么你要有自己的心理咨询师

·刘丹

自我体验,也就是心理咨询师与自己的咨询师探讨个人问题,在心理咨询师的专业性发展中也是一个很重要的议题。但你可能觉得,明明是自己要给别人做咨询,为什么还要去找其他心理咨询师咨询呢?如果是同行交流,直接跟对方聊聊天就行了,不是吗?

这是因为，自我体验绝对不是找一个专业的人聊天那么简单，**而是通过咨询体验，对来访者产生深层次的理解**。

比如你自己当心理咨询师的时候，觉得迟到两分钟再开始咨询没什么关系。但当你作为来访者进行自我体验，发现心理咨询师迟到两分钟时，你可能就会非常愤怒："咨询明明已经开始两分钟了，他怎么才到？这个咨询师是不是看不起我，觉得我不重要？他是不是更喜欢上一个来访者，所以才因为上一个来访者耽误了和我做咨询的时间？……"

短短两分钟，你就会在内心体会到各种"爱恨情仇"。这种变化和感受，比任何书本上的知识都要来得生动。如果没有亲身体验来访者的这些感受，想要成为一名好的心理咨询师是很困难的。

我的学生在做自我体验时，我会要求他们准备支付给心理咨询师的现金，在咨询前交给心理咨询师。现在基本上都是电子付费，来访者付钱给心理咨询师享受专业的服务，这一象征意义就没有从收费流程中体现出来。所以我会要求我的学生这么做。当他们交完钱之后，就能明确感觉到自己是在花钱购买接下来 50 分钟的专业服务。

试想一下，在交完钱的 50 分钟里，如果心理咨询师中途花了 3 分钟出去上厕所，你肯定会坐那儿想，凭什么他用我花钱买的时间去上厕所？再比如，他中途把咨询叫停去接一个电话，你肯定会想，他凭什么浪费我的时间去接电话？他在咨询时一会儿上厕所一会儿接电话的，根本没有好好服务我，应该退钱。所以，只有被服务过，你才能深刻地明白，心理咨询师在咨询过程中的行为，都会被来访者看在眼里、记在心里，也才能深刻地理解，心理咨询是一项专业的服务。

有过自我体验后，自己再做咨询，你就会充分照顾来访者的感受。比如来访者预约的时间是 2:00-2:50，那么在 2 点之前，你要提前上厕所，把手机收好，把咨询室里的水倒好。2 点一开始，就要清楚地认识到：接下来这 50 分钟是属于来访者的，要心无旁骛地为他做好专业服务。

个人议题：如何减少对来访者遭遇的心理波动
·刘丹

我们可能常常感觉服饰店里的镜子显瘦，试穿衣服时照得人非常苗条。在心理咨询中，心理咨询师也是一面对着来访者的镜子。但它不是要把人照得苗条，而是如实呈现来访者的形象，让来访者通过心理咨询穿越情绪和痛苦的迷雾，看见自己。

但很多心理咨询师别说让来访者在咨询中看见自己了，他们看到来访者时，自己内心反倒有了强烈的波动，直接把内心的情绪附着在来访者身上，导致来访者的情绪和问题不仅被忽略，还要承担来自心理咨询师的压力。

之所以会出现这种情况，是因为心理咨询师内心还有些没有处理好的个人议题。比如一位心理咨询师考博士考了好几年都没考上，心里一直有个结。某天一个"985"学校的博士来找这位心理咨询师做咨询，和他讲了很多自己的痛苦。他忍不住回应道："你应该开心才对，多少人都读不上博士，你还读了一个重点大学的博士，你想想有多少人羡慕你呀。"

咨询一结束，来访者就向机构投诉他了："这个心理咨询师一点儿都不理解我的痛苦，他竟然和我说考上博士就人人羡慕。他说这句话，简直是在无视我的痛苦。"这就是心理咨询师个人议题没有解决所导致的问题——当来访者一说自己是博士，他满脑子都在羡慕对方，完全控制不住自己的反应。

还有个例子也是在咨询过程中发生的。一位非常成熟的心理咨询师在接待一对来做咨询的夫妻时，听到妻子说丈夫出轨，表现得非常激动，最后甚至和妻子站在同一阵线批判丈夫。

我们知道，心理咨询不是简单的道德评判，而是运用心理学的方法，推动来访者解决关系中的问题。当心理咨询师跳出自己的专业身份，批评出轨的丈夫时，她的所作所为跟非专业人士没有区别，那么来访者凭什么还要付费给她呢？

事实上，这位心理咨询师自己的丈夫曾经出轨，最终以离婚收场。这件事一直是她心里的一个疙瘩，在咨询中一遇到类似的情况，她就会忍不住站队，最终的结果当然是咨询失败。这种失败不单是咨询结束后遭到投诉那么简单，甚至还会伤害来访者——当心理咨询师和妻子站到一边，批评出轨的丈夫后，妻子会觉得错都在丈夫，因此不想继续沟通，而是通过离婚直接结束这段关系。

在这种情况下，心理咨询师要先叫停咨询，去做自我体验，解决自己的个人议题。

处理个人议题和正常咨询一样，另一个心理咨询师要引导她说出内心压抑的情感、积压的痛苦，直到出轨这件事不再给她带来剧烈的反应和影响，想到它就像想到一件再平常不过的事一样，不会有太大的心理波动。但是，解决这类个人议题通常需要多次咨询；如果还是会被这件事困扰，那就要考虑停止接待这类来访者。

如果你想成为一名心理咨询师，我建议你在入行前几年就要以每周两到三次左右（最少不低于每周一次）的频次做咨询，不间断地解决过往生命中的个人议题，从而把自己这面镜子擦干净，达到基本的工作状态。正式执业以后，你也要时刻做好自我觉察的准备，一旦有疏漏的个人议题没有解决完，也要马上预约自己的心理咨询师做咨询。已经是世界级心理咨询大师的欧文·亚隆，在他相濡以沫65年的妻子玛丽莲离世后，仍然选择接受心理咨询，处理内心的伤痛。

疗愈他痛之前，须疗愈己痛。处理个人议题是心理咨询师一生都要觉察和应对的事。

前期做了这么多准备工作，现在你面临着一个重大抉择——选哪一个咨询流派。

选择什么流派，关系到你的受训经历，也会影响你使用的咨询方法等。有的心理咨询师是凭自己的喜好选择的，有的则全凭直觉。具体要如何选择呢？选择的时候要参考哪些标准呢？我们一起去看看。

◎实习阶段

那么多流派，怎么选最合适

流派选择：为什么要依据个人倾向做选择

·张海音　李松蔚

一般认为，培训项目或者大学专业课程对心理学流派的教学主要停留在理论层面。进入实习阶段，你就要选择具体流派进行深造了。

应该怎么选呢？是看哪个流派选的人多，还是看哪个流派更有说服力？都不是。选择流派不像看网络评价挑餐厅吃饭，也不像考试答卷有标准答案。心理咨询有三百多种流派的根本原因，在于人本身的丰富性。**不同流派围绕着具体的人，产生了观察人性的角度和应对心理问题的技术，而流派本身并没有高下对错之分。**

选择流派，重点要看流派的思想与技术是否符合你对人的理解。比如经典流派里有精神分析、人本主义、认知行为。

精神分析流派着重对人潜意识的研究分析。这个流派认为，一个人意识不到的早期的痛苦会压抑在潜意识里，如果它们在成年之后没有得到很好的解决，就会影响到人的现实生活。比如，我们在生活中会看到有的人做事谨小慎微，不敢跨越雷池半步。精神分析流派认为，他可能是在 1 岁多开始发展自我的时候，被设置了很多惩罚机制，导致他的禁忌感很强。基于此，精神分析会分析他潜意识中阻抗的原因，让他意识到，现在的行为可以不用再受到早年遗留下来的禁忌感的支配，从而对自己的行为产生更多掌控感。

人本主义流派的基础理论非常强调每个人都有潜能解决自己的心理困扰，达到自我实现。所以这一流派认为，心理咨询师只要充分倾听，无条件地接纳、关注、理解来访者的情绪，来访者就有潜力解决自身的困难和冲突。而倾听、共情、接纳等也是人本主义流派的心理咨询师最常使用的技术。

认知行为流派又不一样，它强调一个人对自己、对别人、对周围世界的看法会影响他的情绪体验，影响他的行为。比如一个人忽然接到领导的电话，被通知下周要去哪里开会，发表一个演讲。他接到这个任务之后感到特别不安，就找了一个理由推脱，让同事去。这个流派认为，他之所以那么焦虑，是因为背后有一个认知——假如在会上表现不好，他会被别人笑话，因此很没面子。这个认知让他产生了巨大的焦虑，导致他选择了消极回避的方式。这一流派从认知的角度切入，强调要识别出日常行为背后的想法，从这些想法中归纳出一个人的认知模式，从而进行调整。针对前文的例子，心理咨询师会让来访者去行动，让他意识到即便发言一般，别人可能也没那么在意。这样，他的"发言不好就被嘲笑"的绝对化认知就会变得更富有弹性。

除了了解不同流派对个体的理解之外，你还要看它们的工作风格是不是你所向往和喜欢的，因为工作风格也会在工作中塑造心理咨询师本身。比如精神分析流派在工作中非常节制，因为它认为心理咨询师应该成为一块空白幕布，让来访者把自身的所有东西都投射到咨询师身上，从而分析来访者深层的潜意识。所以这一流派的心理咨询师看起来都不太热情，甚至有点冷淡。当来访者诉说自己的经历时，他们会一直听着，然后时不时地回应"嗯""然后呢？"这一流派中更为老派的咨询师，甚至不直接看来访者，而是坐在来访者脑后的沙发上听来访者讲述，自己则自由联想。

人本主义流派的心理咨询师，整体会给人一种仁慈的感觉。无论来访者说什么，他们都表现出支持和理解的态度，让人感觉非常温暖。

但认知行为流派的心理咨询师就非常不一样，他们经常身穿黑色西服，手里拿着本子一丝不苟地记录咨询过程，显得非常严肃。他们会预先告诉来访者咨询整体的安排,这次谈话分为哪几块,要准备谈哪些议题;他们还会给来访者布置作业,检查来访者作业的完成情况。

还有一些流派,他们不只是通过谈话做咨询,还会带着来访者一起跳舞,或者做一些游戏,通过身体语言去影响来访者。你在选择流派之前,除了了解相关信息,还可以去跟不同流派的心理咨询师接触,看看他们本人的工作、生活状态,然后问自己,这个流派的心理咨询师是我未来希望成为的样子吗?

你可以把心理咨询的各个流派看作武当、峨眉、华山等武林门派。至于选择哪个流派,其实不是一成不变的。作为初涉心理咨询这个"江湖"的人,**选择一个流派学习后,觉得不是自己想要的,仍然可以选择其他流派继续学习。但不建议你多次更换流派,原因很简单,对你的成长不利。**任何一个流派看待人的角度、方法都是需要经过长期系统学习才能掌握的。如果你今年学个认知行为,明年换个精神分析,后年再换一个时兴的流派,等于你什么都只学了一点皮毛。没有学到真功夫,就很难进入专业心理咨询师的状态;在心理咨询这个江湖里也就没什么竞争力了。

心理咨询的流派众多,难以在此一一给你介绍清楚。如果你希望对各个流派有更深入的了解,可以参考刘丹老师的

建议，去看看大学专业教材。比如，《当代心理治疗》目前已经出版到第 10 版了，你可以在这本教材中找到国际认可的心理咨询流派有哪些，代表人物是谁，以及各个流派的主要差异在哪里。你还可以找到各个流派的延伸阅读资料，这些资料非常值得一读。

对于流派的选择，刘丹老师还有一些建议，能让你把这个问题考虑得更全面。我们一起来看看。

深入选择：为什么还要结合市场因素考虑

· 刘丹

在实习阶段，不建议你选择一个具体的流派，你的重点应该是了解所有主流流派的重要理论和咨询方法，并且学会在咨询中使用它们。等到独立执业时，再选择深入学习的流派。

你可能会有点困惑，为什么呢？毕竟行业里很多新手咨询师在实习阶段就选择了自己的流派，并且引以为傲啊。

这其中有两个原因。

第一，让你在未来有更多的就业机会。什么意思？这和我国心理咨询行业的发展情况有关。在欧美成熟的行业环境下，你可以在实习阶段就选择某一个流派，并接受相应的训练。学成以后，你也可以找到愿意长期付费的来访者。但在中国，目前了解心理咨询这项服务、愿意为之付费的人还不是很多，而且也只有小部分人有经济条件可以定期去做心理咨询。大部分来访者看心理咨询师，是想短平快地解决自己的问题。所以，如果你一开始就钻进某个流派里，只会使用一个流派的技术，那么你就只能服务愿意接受这个流派方法的来访者，其他来访者都服务不了。

比如，你学了精神分析，可以通过 100 次长程咨询推进来访者深层次的改变。但如果你去应聘大学的心理咨询师，学校要求你在七八次咨询内把来访者的问题解决掉。你说你根本做不到，那学校肯定就不聘用你了。

第二，为你打下更牢固的基础。流派的发展本身也会受到市场的影响，比如原本精神分析是长程咨询，现在也发展出了短程咨询。今天，大多数心理咨询师都声称自己是整合取向的，他们可以综合运用各项技术，什么方法对来访者有用，就用什么方法。当然，各项技术能用到什么程度，就看你个人的学习情况和受训经历了。

实习期间，你一面接受督导指导，一面寻找来访者，很可

我能做心理咨询师吗

能遇到这种情况：面对来访者时，不知道自己做得对不对，有很多问题；而向督导寻求帮助时，感觉自己没有获得行之有效的建议，进步很慢。

别急，李松蔚老师和刘丹老师将分别从三个不同角度，为你提供成长建议。

如何最大限度获得成长

督导指导：如何最大化获得督导指导

·李松蔚

督导，是指那些经验丰富的资深心理咨询师，他们能指出你自己没有看到的问题，提出有建设性意义的咨询视角。无论是实习咨询师，还是有经验的心理咨询师，都需要接受督导指导。在实习咨询师阶段，如果经济条件允许，我建议你在前面两到三年，坚持每周接受一次一对一的督导指导。

但有的实习咨询师表示，自己花钱找了督导，却感觉收获甚微。是督导不想传授经验吗？事实上，出现这种情况，更有可能是双方没有找到对的合作方式导致的。如果你想从督导身上学到尽可能多的东西，可以参考下面介绍的方法，有意识地调整与督导的合作方式。

第一，给督导看自己做咨询的逐字稿、录音、视频等完整记录咨询过程的内容。 这样督导就知道你在咨询中发言的前因后果，能有针对性地提出问题和建议。

比如你在咨询里说："你上周过得怎么样？"督导可能会指出来，当你问来访者"上周过得怎么样"时，就已经在把谈话的框架往上周发生的事情上去套了，这是在给来访者设限。其实可以这么说："今天我们从哪里开始？"通过这种方式，你不仅知道咨询的问题出在哪里，也能获得相应的改善方法。

再比如，来访者说完之后，你一般会问"还有吗？"这句话看起来没什么问题，但在看逐字稿等记录完整咨询过程的内容时，督导就会指出来，问完这句话之后，来访者一般都会说没有了。那要怎么改呢？督导一般会建议改成"还有呢？"这个说法会向来访者释放一种"我想继续聆听""我对你讲的这件事很好奇"的感受，来访者就会继续给出更多信息。仅仅是一个结尾语气词不同，产生的结果就会截然不同。

上述这些细微的表述差异其实很难转述清楚，如果没有逐字稿的记录，就经常会在督导指导过程中被一笔带过。所以，提前准备好需要接受指导的素材是非常必要的。

第二，要有清晰、具体的问题和目标，而不是将自己在咨询个案中遇到的困难一股脑地向督导倾诉。

一些实习咨询师在接受督导指导的过程中，会先花上半个小时，把自己做个案的整个经过讲一遍，再把球丢给督导："我应该怎么改进比较好？"但这样做，会让督导不知道咨询师到底卡在哪一步，所以最后很有可能会变成督导从头到尾帮着搭建一遍咨询的过程。

虽然这样对实习咨询师也很有帮助，但督导对个案的理解，很可能跟实习咨询师原来的理解不一样。实习咨询师因此会有被打击的感觉，"哪哪都不对，要推倒重来"，也容易跟督导争执，"凭什么这样处理是对的，原先的不对"。

咨询个案没有绝对的对错，对来访者的干预也没有标准答案；督导之所以这么做，其实是不知道咨询师具体的问题和目标是什么，不得不从头搭建咨询个案。

所以，你要有意识地记录咨询过程中遇到的问题，让督导指导时更有目标感。比如"我的来访者在咨询中，无论我说什么，他都会说好的，但是……我该怎么回应？""来访者每次都在咨询中说很多，我不知道该怎么打断他，时间很快就过去了……""每次我给来访者布置任务，他嘴上说好，但是下次来的时候都没做，我该怎么办？"面对这些清晰、具体的问题时，督导就可以给出更有针对性的指导。

第三，保持空杯心态。这里不是指你要保持谦逊，"督导说什么就是什么"，而是当你向督导提出质疑时应该明白——我提出质疑，是为了让自己当下的工作做得更好，而不是为了维护自己之前的想法——我原来想的是对的。

督导指导，势必会带来新的，对实习咨询师来说甚至是颠覆性的想法和做法。实习咨询师常常会不自觉地为维护自己原先的想法而奋起反抗。

这么做，其实是因为你对督导的指导产生了防御心理，也浪费了自己的成长机会。更深层次的问题是，心理咨询是和人打交道的工作，你有可能会把这种防御机制带到咨询中，一旦自己有做得不好的地方就开始紧张，把注意力用来维护自己，而不是去关注来访者的感受。

比如来访者和你说："我感觉咨询没有帮助到我……"你马上反驳说："虽然你觉得没有帮助，但我认为你已经比之前好多了。"这样，你就会进一步失去来访者的信任。这时候，你应该把"自己"靠后一点，把注意力放在来访者的感受上，去讨论他希望获得怎样的帮助，而不是在咨询中维护自己的"权威"，和来访者争论。同理，在接受督导指导的过程中，当督导给出更好的指导建议，和你原先的想法有冲突，让你有被"否定"的感受时，你可以先把建议记录下来，之后再慢慢比较和消化，灵活运用。

咨询的核心是帮助来访者，而接受督导指导的核心是学习新东西。当你把这两点摆正时，自然就做到了保持空杯心态，也就能做得更好，学得更多了。

如果你一直找不到合适的督导，请接着往下看：

其实，在各大专业院校心理学系、各大正规的心理咨询机构，还有各地的心理学协会里，都能找到很多关于督导的信息。那么这个问题到底难在哪里呢？

刘丹老师认为，难在很多实习咨询师倾向于把督导理想化。

很多实习咨询师在接受督导指导时，自己不主动说咨询中遇到的问题，觉得督导比自己有经验，应该一眼看出自己的问题在哪儿，等着督导给自己指导。而督导提出问题时，实习咨询师一边表面上回应督导的指导，一边又在心里嘀咕：为什么他没有看出我真正的问题在哪儿？为什么我想谈的是 A 问题，他却和我谈 B 问题？还有的实习咨询师，当督导谈的不是自己想谈的问题时，不向督导提出来，反而在心里自我修饰，觉得自己发现的问题没有督导提出来的问题重要，干脆就不谈了。

问题应该如何改善呢？首先，在寻找督导的过程中，你要拥抱不合适。找督导，其实就和来访者寻找合适的心理咨询师一样，需要有一个磨合的过程。如果不认同、不喜欢督导的指导风格、说话方式，觉得不能从中有所收获，就要及时停止，更换其他督导。

其次，在督导的指导中，你要和督导进行正面交流，不要等着督导读懂自己内心的想法，而是正视自己的需求，和督导说清楚这次希望对方指导什么问题，为什么这个问题对自己很重要。如果督导觉得这个问题是次要的，他也要说明自己想谈其他问题的理由。这样做，除了有深入的探讨外，你也能从督导的思考中了解对方是否适合自己。

练习小组：来访者不多、实践少，如何加速成长

·刘丹

心理咨询师的成长速度和咨询时长成正比。但作为一名实习咨询师，还没有那么多咨询机会，怎样获得快速成长呢？我的答案是，没有快速成长这回事，唯一有的就是刻意练习。

你可能听过所谓的"10000小时定律"，成为一个行业里的顶尖高手，需要花10000小时的时间。如果按每天练习1小时计算，那么需要花费10000天；但如果按每天练习10小时计算，花费的时间就会缩短至1000天。对于一个想要快速成长的实习咨询师而言，每天加大训练量，就能缩短总的时长。

怎么练习呢？我给自己学生的方法是，由 5～8 个学习心理咨询的同学成立刻意练习小组。以 5 人小组为例：小组每周要针对性地根据遇到的技术难题练习 2 小时；每个人用 20 分钟时间，依次跟其他 4 个组员练习。通过这种把练习机会最大化的方式来掌握复杂技术。

很多实习咨询师（甚至包括一些有经验的心理咨询师）会觉得按时结束来访非常困难。比如，咨询马上要结束了，结果来访者说我还有个问题想问问你，来访者的问题问完之后，已经超过咨询时间几分钟了，等心理咨询师回答完，已经超过 10 分钟了。

怎么办呢？我教我的学生对来访者说："我听到了，你还有一个问题特别想谈，今天时间到了，我们就停在这里，下次我们优先谈这个问题。"说这句话的同时要站起来，走到咨询室门口把门打开，然后不再说话。但学生们觉得这样做很困难，认为自己是在拒绝来访者，表示说不出口。我问他们："这里面有哪句话是拒绝呢？第一句话，我听到了，你还有一个问题特别想谈，这是在告诉来访者，你的话很重要。第二句话，今天时间到了，我们就停在这里，这不是拒绝，这是在强调咨询设置。第三句话，下次我们优先谈这个问题，这是为来访者安排好了为他服务的时间。"

解释完之后，学生又说："站起来，把门打开很难。"我说:"难的不是这句话,也不是这个动作,而是你假想的来访者被拒绝的感受。实际上,当你说完这句话之后,绝大部分来访者就会自然按时结束咨询。这正是你需要刻意练习的地方。"

我会让我的学生练习3遍。如果练习3遍之后还不行,那就要继续在刻意练习小组里和同学练上5遍甚至10遍。练习这么多遍后,基本上所有学生都能熟练掌握这项技术。这就是刻意练习小组对实习咨询师最显著的帮助。

最后,在建立练习小组时,要特别注意以下几点:第一,刻意练习不是做完整的模拟咨询,而是针对疑难技术进行具体练习;第二,提前设计好规则,比如一个人做练习时,其他任何人都不能打断他;第三,持续定期练习,刻意练习的精髓在于通过增加练习量,突破目前的困境,得到成长,持续地练习是关键。

身份训练：怕被来访者看出自己没有经验怎么办

·刘丹

在心理咨询的专业训练中，有一项训练叫"强化实习咨询师身份训练"。这是因为，大部分实习咨询师在入行第一年做咨询时，常常害怕别人看出自己经验不足，在咨询时总是忍不住想："自己是不是显得特别稚嫩，不够老道？"本来水平就不够，还要分出一些精力想东想西，咨询效果自然大打折扣。

那么身份训练具体怎么操作呢？**第一点，训练自己从容回应"我是实习咨询师"这件事**。我会要求我的学生在实习的第一年，每个咨询开始时都真诚地告诉对方："我是一名实习咨询师。"来访者听到这句话，肯定会担心实习咨询师的经验不够，所以，我会要求学生紧接着说第二句话："我的所有工作，都会有专业经验的督导给我具体的指导。"这样来访者就知道，虽然给自己做咨询的人是新手，但咨询是有支持、有保障的。同时实习咨询师通过这两句话突破了自己的心理障碍，接下来就可以心无旁骛地做咨询。

第二点，训练自己清晰自信地告诉对方自己是什么受训背景。很多实习咨询师一看到来访者就慌了神，不仅忘了上面提到的内容，还会忘记告诉来访者自己接受的专业训练。

这背后的原因就是不够自信，觉得自己经验不够，潜意识里自动忽略了这件事。

这一点也是要专门训练的。比如实习咨询师的受训背景是学习过3年心理学研究生课程，累积了50个小时的咨询经验，目前正在跟随行为认知治疗的老师深入学习。那就不断练习这句话，直到可以自信、毫无惧色地表达出来为止。这种训练旨在突破实习咨询师觉得自己经验不够的心理障碍，牢记自己是一个受训过的专业人士。再面对来访者时，就可以不卑不亢地应对他的提问了。

第三点，训练自己保持在职业身份里。 一个人既有职业身份，也有个人身份。心理咨询咨询师经常要面临职业身份被来访者拉到个人身份上的问题。比如心理咨询师年轻又漂亮，来访者来了就问："你有没有谈恋爱呀？"心理咨询师如果以个人身份回答了这个问题，就离开了职业身份；但如果不回答，咨询又可能没法继续下去。所以就要训练自己用职业身份回答个人问题："你问这个问题的时候，在想什么呢？"来访者之所以提出这个问题，可能是因为自己积压了情感上的压力。心理咨询师这么问，就是在保持职业身份的同时，为来访者提供服务。

再比如咨询还差五分钟结束时，来访者说："这个咨询一点儿都没有帮到我。"如果心理咨询师一下感到特别失落，觉得自己已经那么努力了,来访者竟然还那么说,这同样是个人化的反应。专业的咨询师会这样回应:"你提的问题特别好,你说前面的咨询对你没有帮助,能不能说说哪些地方最没有帮助,哪些地方相对有帮助呢?"这样心理咨询师也是在以自己的职业身份服务来访者。

来访者花费了时间和金钱,是想通过咨询解决自己的问题。无论来访者说什么,都要站在他的角度思考他的诉求。这也是心理咨询师处理个人身份和职业身份混淆时应遵循的心法。

这三个练习看似简单,实则不容易。以我训练学生的经验,实习咨询师最起码要训练一年到一年半的时间,才能完全自如应对。而从容地为来访者解决问题,正是实习咨询师成长到独立咨询师阶段必不可少的要求。

在实习期做咨询时,你还可能遇到想和来访者说一些话,但因为心里发怵,说不出口的情况。李松蔚老师将这种情况称为"不耐受"。

比如,你可能不敢问来访者:"你有自杀的想法吗?"或者磕磕绊绊地说出来,说的时候都不敢直视来访者。甚至你会下意识地把它变成隐晦的问法:"你有没有一些不好的想法?"当你这么做的时候,来访者就会接收到你想逃避这个话

题的信号，更不可能说出真实的想法了。

如何突破呢？你可以参考李松蔚老师建议的方法：把自己不耐受的地方拿出来反复地练习。比如把"你有自杀的想法吗？"这句话单独拿出来，找到练习小组的同伴，看着对方的眼睛发问，问10次，100次，直到自己对这句话完全脱敏，可以非常自然地说出口为止。

接下来你会看到咨询工作中的伦理守则的内容，这也是入行准备阶段的最后一块内容。前面提到过，伦理守则指导、规范着心理咨询师的工作，一旦违反伦理守则，心理咨询师很可能会受到行业制裁。所以，这部分内容非常重要，请你一定要仔细看。

如何运用工作守则

伦理守则：如何把握守则中模糊的地方

·张海音

每个职业都有从业者依据的工作准则，心理咨询师从业中行为的依据就是伦理守则。但伦理守则并非工作的标准答案，它只是界定了方向，在具体工作中，有很多需要你自己判断的部分。

比如伦理守则里的中立原则，意思是你作为心理咨询师，不能替来访者做决定，需要保持在中立的位置上。但来访者遭遇了家暴，非常痛苦，来找你做心理咨询，问你自己要不要离婚时，如果保持中立的原则，你就可以告诉她离婚对她有什么好处，有什么不利的地方；如果不离婚，她要继续承受的苦恼是什么，对她有利的地方是什么，最后鼓励她自主做出决定。

那是不是意味着，如果你替来访者做了决定，你就违反伦理了呢？答案是不一定。因为一些来访者有可能暂时没有能力做决定，或者你觉得他正处于某个关键节点上，帮他做决定对他的发展更好，所以你才替他做了决定。

比如，刚才举例的这位女士，你明知道她继续在婚姻里可能会遭受更严重的家暴，甚至不排除有生命危险，你还不给她明确的建议，让她知道这是一段危险的婚姻，这不是反而把她害了吗？

再比如，来访者在你面前哭得很伤心，你便鼓励和安慰了他。你觉得做得非常合适，但有人却说你不符合伦理。理由是什么呢？因为在这位来访者的成长经历中，只要一哭就有人来安慰他，他一直没有发展出应对痛苦的能力，所以你安慰他，其实是限制了来访者能力的发展，你并没有做对来访者真正有利的事。

心理咨询师的工作是否符合伦理守则，是一个需要你动态把握的过程。但问题来了：只依靠自己主观把握，你怎么就能确保自己做的是合适的呢？

第一，从业后，任何在伦理上有模糊、疑问的地方，你都要跟自己的督导进行讨论。因为每个个案的情况都不一样，你的经验和视角有限，需要借助督导的经验，帮助你看到很多在你经验和视野以外的东西。

比如你习惯于给来访者建议，觉得这符合伦理守则中说的对来访者有利的原则。但是你去找督导的时候，他可能会发现，你的来访者是在有意激发你给他建议，因为他习惯于别人给他建议，所以你的督导告诉你，你应该做的是节制，不向来访者提建议。

第二，定期更新自己对伦理的认识。不仅是工作中有很多模糊的、需要你进一步学习的地方，时代也在发生变化，比如互联网时代，你和来访者做网络咨询，但来访者是在一个公共场所，比如在公司的休息室里和你做咨询，这是否涉及违反保密原则？

心理咨询师会定期参与伦理的相关培训，从而更新自己的认知。你可以找行业内大家认可的机构举办的培训项目。在中国心理学会和中国心理卫生协会的官方网站上，经常会发布相关的培训项目信息。

你还可以参加一些体制内的机构举办的培训项目，比如由北京大学、北京师范大学、北京安定医院、上海市精神卫生中心主办的培训项目。这些机构相当于几十年、上百年的"老店"，有比较权威的背书，从中找到靠谱培训项目的概率也比较大。

如果想参加社会上的培训项目，你可以提前和业内人士打听项目的口碑，选择大家都比较认可的项目培训。

伦理守则的全称是《中国心理学会临床与咨询心理学工作伦理守则（第二版）》。它是目前行业里最为权威，也是大家共同遵守的守则，影响着你咨询工作的方方面面。守则具体包括10条内容：1.专业关系；2.知情同意；3.隐私与保密性；4.职业胜任力和专业责任；5.心理测量与评估；6.教学、培训与督导；7.研究和发表；8.远程专业工作（网络/电话咨询）；9.媒体沟通与合作；10.伦理问题处理。

其中每一条守则都包含了数条与之相关的细项，这里我们不做展开说明，主要是为你提供方向性的参考。

找准身份：如何平衡公众角色和专业角色

·张海音

如果你希望通过媒体和出版书籍等方式，在向大众做心理学科普的同时，进行自我宣传，那你可能需要注意其中一个矛盾点——专业的咨询师需要在心理咨询中像"空白幕布"一样，接收来访者的投射、移情等。但在媒介上过多的曝光，会让你的社会形象在幕布上显现出来，而这可能会影响你在咨询中的专业角色。

这时，你要怎么办呢？是像一部分心理咨询师一样，只在小范围里做咨询，不做任何的自我宣传和曝光吗？

选择这么做的心理咨询师坚守着自己的价值观，非常值得尊重。但这只是个人选择，无论是法律，还是伦理守则，都没有规定心理咨询师不能进行公开的宣传。而且，面向社会推广心理学，帮助更多人加深对自己、对心理学的理解，是值得被鼓励的行为。

那公众角色和专业角色之间的矛盾怎么解决呢？

首先你应该认清一点：在前互联网时代，来访者很难获取你的个人信息，你可以在咨询中保持空白；但现在，即使不主动参与节目，不主动进行宣传，你总会留下一些痕迹。甚至很多关于你的事迹在你自己不知道的情况下就已经在外面传开了；来访者随便在网上一搜，你的个人情况基本就都出来了。所以，在咨询中当"空白幕布"几乎已经不可能了。

但这并不会影响你的工作。在咨询过程中，来访者对心理咨询师的投射、移情，是不分时代背景而存在的。

大约 20 年前，当时还没有什么网络，大家都是靠看报纸获取信息。有一位来访者看到报纸上对我的采访，觉得只有我能解决他的问题，别人谁都不行，就只找我。所以，来访者在见到我之前，就已经产生投射和移情了。现在，你可能以心理咨询师的身份参加了什么节目，节目出于效果需要，把你剪辑成另外一个不真实的你，或者你在节目中刻意展现出某一面，这些都会让来访者在见到你之前就对你产生投射或移情。

你其实可以把它作为工作素材。比如，你在节目里说了关于原生家庭的观点，来访者找你做咨询时，就拿出这句话来和你讨论，说你当时说这句话，他感到自己被理解了，还在家里哭了一场。那你就要跟他谈论这个话题，以此为工作线索讨论下去。

除此之外，你在参加心理学科普宣传或者节目的时候，一定要非常注意自我觉察。比如，思考自己为什么特别喜欢在公开场合呈现这部分。因为你很有可能是在迎合别人的期待，或者在有意引导别人，给他们留下一些特定印象。

比如你觉察到自己想在公众场合扮演一个完美的人，因为你的来访者期待你是这样一个角色，你就要和来访者进行讨论，为什么他会希望你很完美。如果你不进行自我觉察、和来访者讨论，不断地在咨询中处处做得很完美，你可能就会阻碍来访者接纳自己不好的一面。

我自己也经历过类似的情况。作为心理咨询师，我看欧文·亚隆的书时，压力非常大，因为觉得他太完美了。后来，有一次我和他做线上访谈，我就和他说，你在书中太过于理想化了，让我们这些同行感觉难以超越。当时亚隆回应我说："写书是写书，真实的咨询恐怕没有那么简单。"当时有 20 多万人在线观看，他这么说，其实也就是把书籍中呈现出来的自己理想化的部分去掉了。

心理咨询师是把自己作为工具使用的职业，这就意味着，无论是在咨询中，还是公众舞台，他们心里永远都要觉察自己的言行会对来访者产生影响。这也是从事这个职业必须具备的核心素养。

打破常规：想做创新的尝试，却怕违反伦理怎么办

·李松蔚

在现在这个互联网时代，以及未来即将到来的人工智能时代，作为心理咨询师，你可能会面临一些问题：当你想做一些新的尝试，担心会不会不符合伦理守则，或者有人拿伦理守则压制你时，怎么办？比如你想在抖音直播做咨询，算不算违背伦理？

这个问题的关键，并不在于之前有没有人做过，你是不是第一个吃螃蟹的，而在于你有没有根据具体情况进行界定。

比如，大家会说在抖音直播做咨询，违反了伦理中的保密原则。我们先来理解保密的意思，就是你向来访者承诺，来访者可以把自己的成长经历，把自己的隐私都在咨询里告诉你，而你不会告诉任何人。结束咨询后，如果你把这件事告诉了别人，那你就违反了心理咨询师的保密原则，你利用了来访者对你、对心理咨询的信任。

同理，如果你在没有获得来访者知情同意，甚至在来访者不知道的情况下把来访者的咨询录像或记录放到公开的平台上，那你肯定违反了伦理，要接受伦理处罚和整个行业的人的批判。

但如果你提前和来访者沟通："我要参加一次线上直播，在直播中我需要做一些心理咨询过程的演示，你可以在其中呈现你觉得让别人知道也没有关系的事。隐私性的东西，咱们就不在这里面讲，你觉得可以吗？"如果来访者同意了，那你就是在来访者知情同意的情况下进行的公开咨询演示，就不存在破坏保密原则，泄露来访者隐私的问题。

做到了这点，是不是就意味着不会对来访者造成伤害呢？当然不是。因为来访者在公开咨询演示的过程中，很有可能会谈着谈着就说到个人隐私了，甚至产生很多情绪上的波动。这些内容公开后，可能会产生非议，造成对来访者的二次伤害。

这时，你要怎么办呢？**第一，要事先做好风险控制。**你要充分告知来访者，观众里面可能有他的家人、同事、同学、朋友，也可能有他的老板。所以你会选择更少情绪带入、在现实层面对来访者没有损害的话题。这样，你呈现的内容既能让来访者和更多观看的人受益，又能保护来访者不会在其中受到伤害，产生不安感。

第二，你要用经验控场。在公开呈现的咨询中，你不能往可能会让来访者产生受伤害的感觉的方向提问题，比如"你讲讲童年最痛苦的经历是什么"。而当来访者开始不自觉地往隐私的方向讲时，你要及时提醒来访者："我觉得这个方向有点深，我们暂时不在这里讨论。"

当然，除了以上提及的咨询的公开演示，你可能还会遇到一种情况，就是你在抖音或者其他平台上当心理学的博主，随机和观众连麦，请观众讲讲他最近发生的事，讲讲他的原生家庭。在这种情况下，你应该在一开始就向对方说明，这只是一次谈话，不是专业的咨询，所以这并不违反伦理守则。

前人很少做，甚至没有做过的事，并不意味着这件事本身是错的，关键在于你在做这件事时，有没有对每个环节进行充分的考量，在模糊的地方有没有事先和你的督导或者同辈进行讨论，确保你在不违反伦理守则的前提下，也有自己的创新。

不容错过的补充资料：

第一，同样一个问题，不同的督导可能有不同的看待方式。如果你遇到了棘手问题，可以分别拿去请教你的个体督导和团体督导，这样会加深你对伦理的认识。

第二，学习伦理守则的关键，在于你是否肯下功夫。刘丹老师建议你可以把它当作教材，带在身边，随时拿出来看看；每次咨询完，都对照上面的细项做一个复盘，不断加深对它的印象和理解。

至此，你已经完成了实习咨询师阶段的职业预演，恭喜你！接下来，你就要进入独立咨询阶段了。这个时候，你马上会面对的一个问题，就是自己到底应该去大的咨询平台工作，还是做个人的平台。

这两种发展方向所带来的累积、挑战都是不一样的，你要如何选择呢？一起看看李松蔚老师给你的建议。

◎独立咨询阶段

如何选择适合自己的工作平台

·李松蔚

进入独立咨询阶段,你首先要考虑一个问题:去大平台工作,还是做个人平台?大平台是指成熟的心理咨询机构和心理咨询网络平台;个人平台则是自己租赁场地做咨询,自己宣讲培训,打造个人咨询品牌。这是两条完全不同的职业路径。

选择在大平台工作,上手会很快,因为你在平台上基本每周都能接收到 5 ~ 10 个来访者的预约。对于刚刚进入独立咨询阶段的咨询师来说,这已经是非常可观的来访数量了。虽然平台要收取分成,但它省掉了做个人平台时租赁场地、税务、财务等琐事,可以比较快地达到收支平衡。

只是,在大平台工作的心理咨询师,后期可能会遇到职业发展增速放缓的情况。因为来平台找心理咨询师的人看中的通常是平台，而不是心理咨询师个人。即便他们推荐朋友来做心理咨询，也会说"我在这个平台做的心理咨询挺好的"。据我观察，在平台工作的心理咨询师，在行业里干了5年、10年后，顶多是咨询费用高了一点、收入多了一点，但在心理咨询师的个人声誉方面不会有太多建树，也很难累积纯粹认可咨询师个人专业的来访者。

如果你做个人平台，初期的发展会非常慢。你不会马上有来访者，只能一个个慢慢累积，同时还要承担租赁场地、聘请助理等相关费用。在这种情况下，收支很难平衡，而且它不是挨一两个月就能过去的，通常要3年左右才能达到收支平衡的状态。但好处是，你后期的职业发展曲线会呈现稳定上升的趋势。因为做个人平台容易发展出自己独特的风格，来访者记住的是心理咨询师这个人，这样有利于积累稳定的客源。

这种风格是怎么形成的呢？我们以空间为例，简单来做一个对比：假如你在机构做咨询，这个机构里有5个咨询室，今天A房间有空，你就去A房间；明天B房间有空，你就去B房间。而在建立个人平台时，你有自己专属的空间，里面挂什么画、铺什么地毯、挂什么摆件、选什么沙发……目之所及的所有东西都是你自己决定的，所以它们有强烈的个人风格。来访者来咨询时，会对空间以及你本人产生非常明晰的认同感。

综合二者的利弊，是不是可以先在大平台里工作几年，把最初最艰难的 3 年真空期熬过去之后，再出来做个人平台呢？行业里的确有这么做的心理咨询师。但据我观察，很多心理咨询师离开平台单干后，才发现来访者其实认可的是那个平台。所以即便已经有在平台做心理咨询的经验，在转做个人平台后，仍然要经历 3 年左右艰难的真空期，才能把个人职业声誉一点点搭建起来。

如果你觉得自己刚入行没多久，暂时还没有能力做个人品牌，但也不想完全依赖大平台的话，你可以借鉴一些心理咨询师的做法。

他们会和几个自己要好的咨询师承租空间做个人平台[1]，互相担任对方和来访者联络的助理。同时，他们还会在高校、互联网平台等兼职当心理咨询师。而在个人平台逐步发展的过程中，他们会逐步减少在其他地方的咨询预约。这样一方面能降低开支，让来访者的数量尽可能处于饱和状态；但另一方面也有可能分散心理咨询师的精力，让他们难以在某个特定领域有深入的累积。

不管在哪里、采用何种方式工作，你都要平衡好视频咨询和线下咨询的占比。李松蔚老师说过："线上咨询虽然门槛

---

1. 为了节省装修费用，他们重点会去找一些正在转让的咨询机构。

低，也很便捷，但很难建立起稳定、有品质的咨询关系，因为来访者在视频咨询过程中可能会遇到各种各样的干扰。"

他自己就遇到过这样的情况，视频咨询到一半时，来访者说她老公回来了，啪的一声就把视频给关了，因为她不想让老公知道她在做咨询。还有和孩子做咨询时，突然从视频中看到门口一个脑袋（孩子家长）探进来说："你在跟谁聊天，还是你在偷偷打游戏？"

所以李松蔚老师建议尽量选择线下面对面的咨询形式，因为来访者每次往返需要时间，像北京来回最起码需要两个小时，他愿意投入那么多时间，本身已经代表了他对这件事的重视和投入。他在路程中也会有意识地思考：待会儿要聊什么？刚才我们都聊了什么？来访者愿意投入，咨询效果自然会很好。这种形式不仅更容易建立起稳定的咨询关系，咨询的质量也更有保证。

如果你在独立咨询初期不得不更多地选择线上咨询（如果咨访关系是在线下面对面建立，之后转到线上视频咨询，影响会相对较小），也建议你分出固定的时间投入到线下面对面的咨询里，这样才有机会累积更多高品质的咨询经验。

寻找来访者，有哪些注意事项

个人品牌：如何建立公众对自己的认识

·陈海贤

作为一名新手咨询师，你还没有稳定的来访，要自己寻找来访者。可来访者从哪里找呢？

你可能觉得，在网络上不断传播自己的观点，就可以让更多人认识自己。比如近期有明星出了什么事，或者有什么广泛讨论的话题，都可以跟个热点，在微信公众号上写写文章，发表自己作为心理咨询师的观点。

这看起来好像没什么错，但我心里会给这种做法打个问号。专业和传播之间存在一个悖论：那些广泛传播的观点往往立场鲜明、言辞激烈，但心理咨询师的专业性要求我们理解人的复杂性，不从单一的角度看待个体。然而，如果我们从纯专业的角度参与公共讨论，大家其实很难明白这个心理咨询师到底在说什么。

当然，这种悖论不是坚不可摧的，心理咨询师可以从以下三方面着手准备，打造个人品牌，建立公众对自己的认知。

第一点，你必须对所做的事情有精深的研究和累积。有个朋友曾和我说："陈老师，我也很想像你一样，做心理咨询师，写一本心理学的书。可是一坐下来，我就不知道该怎么写，也不知道该从哪里开始。"我回答他："很简单啊，你坐下来打开文档，就可以开始写了。"我们不能单单羡慕别人已经做出来的成果，而忽视他在此之前专心研究的过程。最终你能依靠的，还是自己的专业能力。

原来在知乎写回答的时候，我积累的经验还不太够，很多回答也是在讲大道理。现在看来，我并不完全理解自己在讲什么。后来我开始做心理咨询，接待了很多来访者，获得了更多的经验；又跟着李维榕老师学习，对心理学和心理咨询有了更多的思考。这些累积，形成了我在得到 App 上开设的《自我发展心理学》课程，又慢慢把它打磨成了《了不起的我》这本书。这个过程，可谓漫长。

新手可不可以一边累积，一边分享呢？当然可以。分享时可以参考第二点，找到一个特定的领域。很多心理咨询师觉得以专业身份分享，就要分享自己学习的专业知识，比如学精神分析，就可以在网上科普精神分析流派是怎么回事。但站在读者的角度，很多人根本不知道精神分析是什么；即便有所涉猎，也不知道它和自己有什么关系。所以你要把你的知识和人们的日常生活联系起来，重点分享和日常生活经验有关的亚类问题。

比如，我有一个朋友，结合自己的女性身份和专业心理学知识，专门研究"女性抑郁"的主题，分析社会对女性形成的特定的束缚，并从心理学的专业角度阐述女性更容易受到道德压力、更倾向讨好关系中的他者的原因。她的视角引起了很多女性的共鸣，后来很多女性遇到这类问题时就会找她做咨询。

当心理咨询师从亲历者的角度讲述特定问题时，读者会觉得他对这类问题有切实体验，因此会更容易对他产生信任。我以前写过一篇叫"名校学生病"的文章，讲那些一路顺风顺水、心气很高的名校同学在遇到现实的挫折后，产生了巨大的心理落差。他们一方面想让自己好过点，"平平凡凡才是真"，另一方面又不确定这算不算"甘于平庸""不思进取"。这篇文章发布后，我当时任职的学校里就有很多人找我做咨询。后来我从学校离开，研究领域也转变为自我发展、家庭和亲密关系。可是这种从近处着眼，描述自己的经验，把自己的切身经验跟专业知识结合起来的写作风格，一直都没有改变。

完成前两方面的准备后，我们再来看第三点，找到跟大众对话的位置和角色。比如，我可以以心理学研究者或者心理学专业老师的身份，告诉你有关这个学科的专业知识；我也可以从传道者或者解密者的角色，揭露影响心理咨询的社会结构性因素；我还可以从一个知心朋友的角色来做分享和交流，这会给大众带来全然不同的感受——他们通过你的分享，从更深层次认识到自己，自己与爱人、家庭的关系，也从自己的生活中发现了之前未曾见过的一小片天地。

最好读一读的补充知识：

1. 你可以建立自己的社交媒体，比如微信公众号、微博、知乎账号等，在上面写清楚自己作为心理咨询师的职业身份，受过哪些训练，擅长哪方面的心理咨询工作等。人们一看到你的账号，就会清楚地知道你是做什么的，如果有需求自然会来找你。

2. 如果你通过了相关心理培训的认证，比如中德精神分析治疗师连续培训项目，通常这些项目都会有个案转介的渠道，如果你所在的城市的来访者需要咨询，项目相关人员会把你推荐给来访者。

需要注意的是，行业里很多新手咨询师在寻找来访者的过程中，因为一些不自知的做法，断送了职业生涯。现在，我们一起去看看，哪些事是你一定要规避的。

坚守原则：寻找来访者，要对哪几件事说不

·李松蔚

即便现在有很多渠道可以增加心理咨询师的曝光率，但对于刚入行不久的心理咨询师而言，来访者的增长速度仍然很慢。我刚入行时，每周只有两三个来访者，一两个月都没有新增来访者。但这并不意味着心理咨询师需要像其他行业一样，迫切地寻求客户签单。相反，心理咨询师要接受这种慢，并且在寻找来访者的过程中守住三条底线。这样才能逐步累积来访者，过渡到下一阶段。

第一，不过度承诺。很多刚入行的新手咨询师，出于想帮助别人或者想获客的心理，不管对方有什么问题——婚姻、情感、亲子、职场、个人觉察或者健康——都觉得自己能行，把自己描述得无所不能。这样不仅不会增加来访者对你的信任，反而会让他觉得你在吹牛。正确的做法应该是如实陈述自己的专长和局限性。比如一位来访者想通过几年的长期咨询获得脱胎换骨的改变，但你专注于短期咨询，就应该如实告诉他："抱歉，我提供不了长期咨询服务。如果你近期遇到一些坎儿，特别需要一个人去推动这件事，比如你过几个月要参加一个特别重要的考试，但你现在焦虑得没法静下心来学习，这种短期内需要推动的事情就是我能做的工作。如果你有这方面的需要，可以随时来找我。"这样不仅能够增加来

访者对你的信任，还会让他记住你的工作特点，未来有需要时，就会想到你。

第二，不商业化包装。很多新店开业会举办盛大的活动，让店员举着商店的二维码，请顾客扫码关注服务号。但心理咨询师在做公益讲座等活动时就不能这么做。在这种专业性的分享上，还没说几句就掏出二维码来获客，观众就会认为你是打着心理学的幌子出来骗人。从观众的角度，你也很容易理解他们为什么更愿意找能让自己有收获感的心理咨询师，而不是弄一堆花里胡哨商业名头的人。所以，即便你要参加一些商业活动，其中分享的专业环节和商业营销环节也一定要分开。否则，想象下面这个场景：你刚讲完一个特别严肃的话题，接下来就说我们的咨询服务可以解决这个问题。这时观众会把你看作营销人员，而不是专业的心理咨询师，更不可能对你产生信任。

第三，当来访者咨询动机不强时，请对方想好了再来。心理咨询师经常会遇到潜在来访者说自己有困扰，但是还没有想好要不要做咨询的情况。其他行业可能就会想办法促使"成交"，将他转变为来访者。但如果心理咨询师遇到这样还在犹豫的来访者时，我的建议是跟他说："你想好了再来。"对方并不是主动要做咨询，你劝他来了之后，他内心有阻抗，咨询其实会很难推进。而当你请对方考虑清楚再来之后，他会感觉被尊重,也会感觉非常自由,等到他决定做心理咨询时,动力会非常足,而且一定会找你。

我的一位美国老师曾有一名女性来访者,希望通过心理咨询解决自己的恐怖症。恐怖症表现为强烈害怕一些特定的东西,比如有的人怕高,有的人怕狗,有的人怕打针,这位女士害怕的是小丑。我的老师告诉这位女士,治疗过程中需要自我暴露,就是把自己暴露在害怕的事物面前,之后恐怖的等级会逐渐下降,所以治疗过程是非常痛苦的。这位女士听后非常犹豫,她既想治好自己的恐怖症,又害怕自我暴露的过程。老师说:"如果你没有准备好,可以暂缓治疗,没有法律规定你必须把恐怖症治好。你可以一辈子带着这个症状生活,只要你不见小丑就好了。"这位女士想了想就走了,老师很久都没有再收到她的消息。

时隔多年,这位女士找到老师说:"你还记得我吗?十几年前你建议我可以先不做小丑恐怖症的治疗,等我准备好了再来,我现在准备好了。"老师问她:"为什么准备好了?"她回答:"我孩子今年最大的愿望是请一个小丑来自己的生日派对,我是他的妈妈,为了实现他的愿望,我现在要克服小丑恐怖症。"

心理咨询师在寻找来访者的过程中,要尊重"时间"这个重要因素。潜在的来访者成为真正的来访者,需要时间了解心理咨询师，建立信任，也需要时间做好心理咨询的准备。我在来访者很少的阶段，心里想的是：第一，我不是为了短期圈一笔钱才进入这个行业的；第二，我是抱着要做40年、50年的愿望在做这行的，所以不是要在20多岁就多富有、多出名，而是按照正确的方式做。30多岁时，我肯定比20多岁做得好；40多岁时，我肯定比30多岁做得好。抱着这样的信念，持续做正确的事，把职业声誉建立起来，来访者自然而然也就累积起来了。

现在，你已经清楚了寻找来访者的注意事项。而在找到来访者、正式开始咨询前，你还需要按照行业规定，做好清晰的咨询设置。

咨询设置一般包括设置咨询时间、咨询地点、咨询费用等。先来看咨询时间的设置。刘丹老师建议，个人咨询时长一般设置为50～60分钟，团体咨询时长则以90～120分钟为宜。你要提前和来访者约定咨询时间，并且尽可能在固定时间做咨询。

再来看咨询地点的设置。心理咨询需要在安静、安全、不被打扰的空间中进行。房间最好有自然光线，并保持空气流通。咨询师和来访者的沙发摆放要呈120度左右的夹角，空间的整体布局也要避免给来访者带来压迫感。

最后来看咨询费用的设置。你可以参考机构，以及行业里不同级别咨询师的定价。当然，随着能力和资历渐长，你可以调整咨询收费。这时候，你还要和来访者讨论咨询费用调整给他带来的影响。

咨询设置没有统一的标准，但无论你怎么设置，都需要遵守**时间固定**、**地点特定**、**收费稳定清晰**这几个原则。为什么呢？如果来访者不愿意按你的设置来做咨询，你又要怎么办呢？

事先清楚哪些事，才能和来访者开始咨询

咨询设置：来访者想改变咨询设置怎么办

· 李松蔚

我们常说的咨询设置，是咨询地点、费用、时间等的设计，也是来访者和心理咨询师需要共同遵守的规则。可以说这是和来访者建立稳定咨访关系的前提。

但新手咨询师常常需要面对大量改变咨询设置的挑战。比如，好不容易来了一个意向来访者，他却问："我最近没有时间来咨询室，你能不能来我家附近，在我家附近的咖啡馆做咨询？"很多新手咨询师觉得反正没有来访者，对方也需要我的服务，就答应了。但他没有预先评估，去咖啡馆做咨询，来访者说的话会不会被隔壁桌听见，导致隐私泄漏？来访者会不会担心自己的隐私被泄露，因而不敢表达自己的真情实感？两个人约好的咖啡馆坐满了人，但咨询时间已经开始了，这时咨询还做不做？……

这就是改变咨询设置后产生的一系列麻烦。再比如是咨询前付费，还是咨询后付费的问题。咨询前付费，对心理咨询师和来访者当然更好，心理咨询师的风险低，来访者有投入，对咨询的重视程度也更高。但这是理想状态。现实是很多新手咨询师因为害怕失去客源，不得不改变原本的费用设置："你先来聊聊看，聊得好再付费。"

这样风险就来了，很多来访者咨询完后说："你只是听我说了半天，都没给我什么建议，我不想花这个钱了。"这种咨询后付费的形式不仅有收不到咨询费用的风险，来访者对心理咨询的投入和重视程度也不高，因为他们把心理咨询当作一次闲聊天，没有真正投入其中，也就很难有好的咨询效果。

我建议设置为咨询前付费，这并不意味着新手咨询师要硬扛没有来访者的风险，你可以通过两个方法打消来访者的顾虑。第一个方法是合理的请假制度，比如在距离咨询开始12小时前取消，可以退一半的费用；距离咨询开始仅剩2小时请假不退费。第二个方法是给首次到访的来访者咨询费用半价的优惠，我自己就是这样设置的。来访者不知道心理咨询师的工作风格，也不清楚心理咨询师是不是适合自己，他们需要通过第一次见面建立起信任。首次咨询费用半价优惠的设置，就给他们提供了一个"扣动扳机"的机会。

关于咨询费用的设置，还有要不要考虑办卡、参与活动促销等。咨询机构在市场上大幅度做促销活动，比如在"双 11""双 12"大促期间推出打包价，原本一次 300 元/小时的咨询，打包购买 10 节，分摊下来每次咨询变成只要 150 元/小时。这看起来好像没什么问题，来访者可以用优惠的价格获得多次咨询服务，心理咨询师也会获得更多的来访预约。但这里面隐藏着一个严重的风险，就是来访者没办法对咨询形成稳定的价值判断。来访者可能会想 300 元/小时是做咨询，150 元/小时也是做同样的咨询，这个咨询到底值多少钱呢？如果心理咨询师和来访者解释，因为"双 11"搞活动，所以便宜一点，那么在来访者眼中，咨询关系就变味了——他可能会把咨询看作是按摩、美甲这样的单一服务关系，而不是自己和心理咨询师一起建立解决心理困扰的专业关系。

在有条件的情况下，我建议尽量不要参与活动促销，而是保持稳定的咨询价格。如果想要拓展客源，可以用一个时间段或者一天做公益咨询，价格设置为免费或只付 5 元预约费用，这样在拓展客源的同时，来访者对心理咨询的价值判断也不会受到影响。

除了咨询费用，心理咨询师对咨询时间的设置也会遭遇挑战。比如预约的时间是 11:00 开始，11:50 结束，结果来访者 11:40 才来，这时要怎么办呢？我的建议是，如果迟到，按照约定时间11:50点结束。因为如果这次你为他延时到12:40结束,下一次咨询他还是会迟到。

事实上,咨询设置的核心目的,是让心理咨询师和来访者可以在一个特定的时间、地点里,全身心投入其中,从而达到咨询的最佳效果。保持这种稳定关系并不容易;我记得有一次北京风沙特别大,大到很多人都不愿意出门上班。我和另外两位同事坐在咨询室里,不断接到取消预约或者改期的电话。按理说在这样的情况下,我们就可以各自回家了,但我们一直坐在咨询室里,直到下班的最后一刻。因为我们希望让来访者知道,无论发生什么情况,我们一直在这里。而那天,我们确实也等到了一位来访者。

平时我们也经常会遇到咨询已经开始,但来访者没有来的情况。即便如此,我也会一直在咨询室里等到咨询时间结束的那一刻。有一次,我和刘丹老师一起做一个90分钟的家庭线上咨询。咨询快开始时,父母说临时有事来不了,就让孩子来接受咨询。我们在视频里看到孩子大发脾气:"凭什么他们说有事就有事,我不想做什么咨询。"然后他就把电脑关了。但我和刘丹老师决定,哪怕这家人不出现,也要等到咨询时间的最后一分钟再走,所以我们一直对着那台电脑坐着。就在咨询结束前5分钟左右,这个孩子又用Skype打过来,在那头问:"你们还在吗?"我们回复:"我们还在,你有什么要说的吗?"孩子说了句:"没什么要说的。"接着把电话挂了。

从那之后,孩子做心理咨询时状态稳定了许多。我们想,在挂掉电话的一个多小时里,孩子应该一直在心里盘算:"我就等着他们走之后,再打个电话去,确认他们不在了,这样我就可以和爸妈说,你看他们都走了。"但是我们没有走,我们还在那里。这就是恪守咨询设置的意义,无论发生什么,我们都会和来访者一起面对困扰着他的问题。

有了时间固定、地点特定、收费稳定清晰的咨询设置后,你陆续收到了来访者的预约。当来访者按约定时间来到咨询机构时,接待人员会请他们填写一份《心理咨询知情同意通知书》,上面有心理咨询师和来访者各自需要履行的职责。

之后,你和来访者在约定时间进入咨询室中,准备咨询。但此时,你要做的第一步不是去处理来访者的问题,而是先给来访者做危机评估,确保他没有自杀、伤害他人的倾向。为什么呢?刘丹老师为你做了详细的解答。

前台评估：为什么不能感觉到危机了才做评估

·刘丹

很多刚开始独立做咨询的咨询师，可能都遇到过这种情况：一个咨询结束两天后，半夜正睡着觉呢，突然惊醒，回想起来访者说过的某些话，发现来访者可能处于危险之中。这一想就睡不着了，第二天一早赶紧给自己的督导打电话，说很担心来访者，要给来访者做危机评估，结果发现来访者的确有伤害自己的倾向。

所谓危机评估，不是感觉到了危机才做评估，而是应该在正式咨询开始前完成。心理咨询师要考察来访者的个人情况、人际关系、社会环境这几个维度，评估他是否有自杀、杀人的倾向。

就自杀这种情况而言，来访者只是单纯存在这个想法，还是已经展开行动，二者是完全不同的危机等级。具体如何评估呢？你可以参考下面这张用以评估临床病人是否存在自杀风险的量表（Nurses Global Assessment of Suicide Risk，简称 NGASR）（参见表 2-1）。具体的计分规则是：小于等于 5 分为低自杀风险，6～8 分自杀的风险为中等，9～11 分为高自杀风险，12 分为极高自杀风险。

表2-1 自杀风险评估量表（NGASR）

事项	计分
绝望感	3分
近期负性生活事件（失业、财务危机、法律纠纷等）	1分
被害妄想或有被害内容的幻听	1分
情绪低落/兴趣丧失或愉快感缺乏	3分
人际和社会功能退缩	1分
言语流露自杀意图	1分
计划采取自杀行动	3分
自杀家族史	1分
近亲人死亡或重要的亲密关系丧失	3分
精神病史	1分
鳏夫/寡妇	1分
自杀未遂史	3分
社会经济地位低下	1分
饮酒史或酒精滥用	1分
罹患晚期疾病	1分

当然，来访者的危机表现不仅限于表格中所列的15项。**作为刚开始独立咨询的新人，一旦出现任何让你感觉到危机，却又无法根据量表判断的情况，应立即向咨询机构前台管理人员、值班的有经验的咨询师，或者自己的督导汇报，请求他们的指导。**

如果忘记做危机评估，会导致什么后果呢？我认为有两种常见情况：第一种情况是，你可能总是搞不定来访者，导致自己焦头烂额。这很有可能是因为你在用惯常的咨询方法处理危机个案，而这些方法并不适用于有自杀倾向的来访者。这样演变下去，有可能出现的第二种情况是，由于没有识别出危机个案，最后来访者选择以自杀结束生命。

这会对你的职业生涯造成重大打击，在未来一年甚至几年里，你都没有办法做好工作。在这个意义上，根据来访者的情况调用自己危机评估的能力，是一名合格的心理咨询师最基础、最重要的能力之一。

在咨询过程中，你也需要随时评估来访者的状态。比如来访者突然提到自己跟同事闹矛盾，郁郁寡欢，这种情况持续很久了。你问他最严重的时候是什么样的？他回答"想把他干掉算了"——这就是一个危机信号。你要继续追问："你具体想怎么干掉他？"如果他表示只是想想，说明危机程度不高，你可以在头脑中绷根弦，继续做咨询。

如果他表示："我已经准备好刀子了，下次他再惹我，我就要和他同归于尽，反正我已经很痛苦了，死了也挺好的。"这就表明他已经有了具体的计划，风险程度已经很高了，你要继续追问："你的刀子放在哪里？你打算在哪里杀掉他？"接下来，你的干预方式是按照相关法律规定，通知相关部门和来访者的紧急联系人。

而如果来访者没有危机情况，那就代表你可以和他正式开始做咨询了。我们把心理咨询的关键动作，以及过程中你会遇到的典型难题梳理了出来，下面我们一起来预演一遍。

做好一次咨询，需要具备哪些能力

目标制定：如何找到合理的咨询目标

·李松蔚

很多刚开始独立做咨询的咨询师认为，每位来访者都有很多难以向其他人启齿的痛苦，而自己的责任就是消除来访者的痛苦。事实上，"痛苦"的含义非常宽泛，新手咨询师如此默认，很有可能会忽视来访者真正需要解决的问题。

所以，你和来访者初见面时，可以问他一个问题："如果我可以帮到你一点点的话，我可以从什么地方帮助你？"请注意提问中的关键词"一点点"。使用这个词，第一是了解来访者希望解决的核心问题，第二是和来访者根据核心问题，建立合理的咨询目标。

比如面对一个癌症晚期的来访者时，你应该放下"我要通过我的咨询，让这个人开心起来，不再有烦恼"的念想，这在你的能力范畴之外。如果执意这么做，咨询一定会走向失败。一个晚期的癌症患者要面对严峻、残酷的死亡，这不是光通过咨询就能解决的。所以我一般会说:"我知道癌症是一件很沉重的事,它也是一个摆在眼前的事实。我想知道,如果可以的话,我应该从哪些地方入手,让你的生活好一点点?"这里仍然在强调"一点点",而不是说把一切都变得完美,或者奇迹会降临之类的话。来访者自己也很清楚,事实并非如此。这样提问,其实是为了了解在现实层面还有哪些地方可以帮助来访者。如果来访者的回复是"他有时候不知道怎么和身边的人聊自己得癌症这件事",这个"不知道怎么和身边的人聊这件事"就是心理咨询师能帮助他的地方,也是一个合理的咨询目标。

再比如,一对带着孩子来做咨询的父母对你说:"我家孩子成绩不好,希望通过咨询把成绩提上来,将来考上清华。"你就要明白来访者预期过高,提高孩子的成绩,肯定不是光做心理咨询就能实现的。这时你就要思考,什么会对孩子的成绩有一点点帮助。对来访者的回应可以是:"我们假设这个孩子从现在努力,10年后可以考上清华。为了这个最终目标,下周他可以从哪个地方进步一点点?"这时,家长会更务实地调整预期:"至少他的作业不用我们催,回来可以自己把作业写了。"这样就把考上清华这个大目标变成了主动写作业这样的可实现的小目标。

强调和来访者建立合理咨询目标的重要性,首先是因为,来访者对咨询的期待会直接影响他对你服务价值的认可程度。如果你满口答应了来访者不合理的咨询目标，最后没有达到他的预期，来访者肯定会特别失落，也会给你的能力打问号。其次则是因为，所有的大目标都是从一个个小的目标累积达成的。当来访者从一个个小目标中看到自己的改变，除了对你的能力认可，也会对抵达最终目标充满动力。所以在咨询中，你一定要不断把来访者从对远方风景的期待中拉回来，想想接下去的一小步该怎么走。

目标制定好了，但来访者可能会跟你较劲，甚至根本不配合你。问题出在哪里了呢？李松蔚老师对于这个情况有过很多反思，来看看他给你的建议吧。

工作同盟：如何与来访者建立"合作关系"

·李松蔚

我们通常认为，心理咨询师和来访者要结成一种合力解决问题、推进改变的同盟关系。但很多刚开始独立做咨询的咨询师都苦于做到一这点。这在很大程度上是因为，他们不自觉地把自己摆在一个更崇高的位置上去"修理""出问题"的来访者。

举个我自己的例子：一位叫小林的大学生来找我做咨询，他内心有很多悲观的想法，觉得自己一事无成，他的咨询目标是减少这样的想法。了解他的情况后，我问他："你那些失败者的念头是怎么来的？你有什么证据证明自己是失败的？"

这种提问技术叫"苏格拉底式提问"，就是通过特定问题引导他产生新的认知，从而改善他的想法。看起来没什么问题，但小林听到提问后，马上感觉我在质疑和审问他。于是，他把注意力放在了对我的防御上："我真的很失败啊！就算没有证据，我还是这么觉得！"

这样下去，别说建立合作关系了，小林直接叫停咨询都有可能。

所以，和来访者建立合作关系的第一个原则，**是先通过共情，让来访者感受到你的关心**。比如小林说他是一个失败者时，你要把自己代入"失败者"的角色里，体会他眼中的世界——在学校成绩平平，不知道未来的发展方向，身边也没有谈得来的朋友……真正代入这个角色时，你也会情不自禁地叹气说："太难了。"这时，小林才会感觉到你和他是站在一边的，他才会愿意和你合作，跟你讨论"接下来要怎么办"。

紧接着是第二个原则，**把来访者本身和来访者咨询的问题分离开**。虽然咨询师和来访者站在同一阵线，但这不代表小林的问题消失了,如果你告诉他"你这个想法是有问题的",哪怕小林知道你是出于关心才这么说的,仍然会觉得不舒服。因为这句话里面暗含着对他这个人的评判——他这么想是错的,而你在"修理"他。

事实上,你可以对小林说:"我们遇到了一个问题,这个想法老是困扰着你,我们来看看怎么解决它。"这样他会感知到,不是我这个人不好,只是我的这个想法需要调整。他也更愿意与你合作,把目标专注在改变想法上,而不是维护自己这个人。

然后是第三个原则,**你要邀请来访者参与咨询中的决策。**既然咨询是两个人共同面对的事情,那么咨询中的决策——技术是不是到位、节奏是不是合适——你都要多问问他的意见,适当做出调整。来访者会感觉到你把他当成了同伴,而不是一个被"修理"的对象。这样双方的合作关系会进一步强化。

还是前文的例子,你可以跟小林说:"我们要花点时间讨论一下'自己是失败者'这个想法是怎么来的。接下来我会提几个问题,我们试试看能不能找到答案,好吗?"他同意的话,你可以接着问:"支持这个想法的证据,你能想到哪些?"如果小林回答不出来,你也可以以征询意见的形式继续问:"是问题本身不好答,还是它会激发你的一些情绪?"

除上述原则外，你还要牢记第四个原则，**把自己放在一个单纯、无知的位置，信任、尊重自己的来访者。**

有这样一个案例：一个女中学生在演出时裙子掉了，在场很多人看到她走光。发生这件事后，只要听见别人小声说话或者在笑时，她都觉得那些人是在议论自己。后来发展到她觉得班级里的同学通过咳嗽互相打暗号来笑话她。她实在受不了，就告诉父母自己要转校。转校后，因为新学校没有认识她的人，所以她感觉好了一点。但有一天，这个女生在新学校看到了过去学校的一个同学。那一刻，她觉得新学校的人也会知道她走光的事，也会因此笑话她，她整个人都不好了，再一次要求父母换学校。家长这时觉得她对这件事反应过度了，就找到了心理咨询师。

心理咨询师问这个女生："班里有多少人在咳嗽？"她回答："全班都在咳嗽。"咨询师心生疑惑，说："有一两声咳嗽我还信，怎么可能有那么多人在咳嗽呢？"他又对女孩说："裙子掉的事情已经过去这么久了，大家不至于一件事记那么久。"女生一下子就不乐意了，最终这个咨询没有进行下去。

心理咨询师从客观角度认为，不可能出现全班都在咳嗽的情况，没有给予来访者足够的信任。但女生那种在学校被嘲笑、被孤立的感受却是真实的，她孤立无援的感受没有得到应有的理解和尊重。

所以，这位心理咨询师的督导告诉他，不应该说："全班都在咳嗽，我不信。"而是说："在你看来，全班都在嘲笑你，那你在学校一定很不容易。"督导的回应给予了来访者绝对的信任，这样来访者才会感受到咨询的价值，也会更愿意配合、接受接下来的咨询。

融入情绪：如何让来访者释放情绪
· 李松蔚

很多人默认来访者在咨询过程中会"源源不断"地向咨询师倾倒绝望、无助、痛苦的负面情绪。而实际情况是，这些情绪在平时被习惯性地压抑后，即便在心理咨询的场景中，来访者也很难吐露心声。所以咨询师要做的不只是倾听，而是成为来访者的"情绪容器"，帮他把情绪充分释放出来。

比如来访者在咨询过程中哭了起来，你可以在聆听的同时，把一盒纸巾轻轻推过去。请注意，是轻轻推过去，而不是直接把纸巾递给对方。因为后者隐含了"让他赶紧把眼泪擦干净"的意思，而前者表达的更像是"没事儿，想哭就哭吧"。来访者通过这个动作会明白，你完全接纳他的情绪，而不是平日里向别人表达情绪那样，被别人说"这有什么好难过的"。

你可能会觉得，把一盒纸巾推给来访者有什么难的？但你要知道，来访者在咨询过程中表达的情绪不只有哭泣，还有很多日常生活中不被允许、不正确、不道德的想法。比如一个已婚男人可能向你倾诉他对妻子以外的其他女人心动了。再比如一个和同事积怨已久的来访者可能向你抱怨"我想杀了这个人一了百了"。这时候，你要怎么办呢？

还是承接来访者的情绪，回应他："我听到了你对他非常生气，以至于让你想象着去把他杀掉。"这时，来访者情绪的强度会明显下降，他自己可能就会先冷静下来承认："嗨，别说杀他了，我都没法对着他生气。"

我们必须承认一点，人的情绪是复杂的。在日常生活中，我们都在尽可能表达正面情绪，否认负面情绪的存在。但保不齐某个突发事件会激发我们竭力压抑的消极情绪，原先我们积极的想法被覆盖得一干二净。

心理学上有一个著名的"白熊实验"，顾名思义，就是让参与实验的人在1分钟内想什么都可以，就是不能想一头白熊。这些参与实验的人原本从来没有想过白熊，但白熊的形象却在实验过程中不断浮现在他们的脑海里。同样的道理，如果你的来访者告诉你，他特别想和某个特别有魅力的女同事发生性关系，你开始评判他的情绪，告诉他"这是不对的，不能这么想"，那么他心里异样的感觉反而会越来越强烈。

事实上，成为来访者的"情绪容器"，就是以不评判为前提，为来访者创造一个安全、有边界的环境，让来访者释放情绪。这样，他的情绪就会像装在一个瓶子里，而不是像之前一样，压抑在他心里，最后因为一点火星而引起爆炸。

我曾经有位来访者是个妈妈。她在咨询室里说："我有时候恨不得没有生过我的孩子，我很恨他，因为他的到来毁掉了我的人生。我曾经是一个身材很好，也有自己事业的人。可是你看！我现在过的是什么日子，我每天所有的时间都用来照顾他，完全没有自己的生活，完全没有自己的追求。我真希望他没有出生过！"

她真的恨自己的孩子吗？我想不是，她只是因为不能在生活中倾诉自己的辛苦、表达她的愤怒，而将恨意迁移到孩子身上。当她告诉其他人，孩子的到来带给她很多难以承受的负担时，别人就会大惊失色地劝诫她说："你一个当妈的，怎么能说这种话呢！"她的情绪因此被压抑，她对孩子的爱变成了一种非常复杂的情感。

当然，接纳来访者被压抑的情绪，并不是按部就班就能做到的，它从更深层次考验了心理咨询师的心量。比如来访者说他特别讨厌自己的婚姻，因为婚姻让他失去了自由，他特别想老婆孩子都不管了，赶紧离婚。你心里一边觉得他是个不负责任的渣男，一边又要不加评判地告诉他，我理解你的感受，那么对方其实会感受到你不经意间流露出来的对他的鄙夷和排斥。这个时候，你就很难再去做他的情绪容器了。

即便感觉来访者表达的情绪已经超出了你理解、承载的范围，你也要尊重自己真实的感受，不要刻意地对对方说"我理解你""我接纳你"。安静地和对方待在情绪里，或者把来访者介绍给更合适的心理咨询师都是可行的举措。

我刚开始做咨询时，不太能接受创伤类的情绪，当来访者倾吐自己的创伤经历时，我会忍不住告诉他："你别难过，会好的。"其实这么说只是因为我自己承受不了对方的情绪。一直过了好几年，在经历不同的咨询个案，对世界、对人的理解加深后，我才能消化这类情绪。这也是心理咨询师普遍的成长过程——随着你的累积，你内心的心量会自然而然地扩大。

具象提问：和来访者无话可说怎么办

· 李松蔚

在咨询中，来访者会讲很多自己身上发生过的事，心理咨询师也会根据来访者的讲述给出回应，这是咨询过程中最寻常的场景，但它在新手阶段可不像我们想象中那么顺利。

比如来访者说"我最近失眠了",很多新手咨询师会问来访者:"最近是不是在为什么事焦虑啊?"来访者也很配合地说:"对,我最近工作压力很大。"新手咨询师继续问为什么压力大,来访者答业绩完不成。顺着这个话题,两个人谈到了来访者公司的末位淘汰制度、今年的经济形势……结果一看表,发现咨询才进行了10分钟,而心理咨询师基本已经没话可说了。

为什么会这样?因为新手咨询师没有把来访者所说的概念化的总结还原成具体的动作,他给的回应也是干巴巴的概念化的回应。来访者说压力大,新手咨询师回答这是经济形势导致的,不要有压力——这就是概念化对概念化的回应。

你其实可以参考编剧编写剧本的方式,向来访者提问。

剧本通常会用简洁凝练的语言,描写场景,人物的口白、动作等,演员可以照着剧本进行表演。比如在电影《少年的你》里,女主角陈念和男主角顾小北一起骑摩托车的戏,剧本是这么写的:

陈念哭泣着,大步走在街边。

喇叭声传来,是小北骑着摩托车驶来。

陈念直接跨上摩托车,坐在小北身后。

小北：去哪儿啊？

陈念：随便。

小北发动摩托车驶远。

这里描写了一连串人物的动作。事实上，在向来访者提问时，要带着好奇心，不断地向来访者提问，鼓励来访者多说，直到能把来访者说的话还原成一系列具象连贯的动作。

还是前文的例子，来访者说最近一段时间他心情不好，咨询师其实可以问："那你跟我讲讲，最近几天你是怎么过的呢？是在公司上班，还是在家休息？"然后追问细节。比如来访者说自己在家，那就可以问："你能给我讲讲你一天都是怎么过的吗？"来访者说："我一天什么都没干，一个人躺在床上。"这时出现了一个具体的场景，你可以接着问："你躺在床上，是在刷手机，还是发呆想事情呢？"如果对方答刷手机，还可以继续问细节："刷手机时，你在刷什么呢？你用的最多的 App 是什么？"

在这种不断具象化提问的过程中，来访者会感觉到你在关心他、对他的生活感兴趣，他的情感也会自然流露出来。这时候你问他："躺了一整天是什么样的感觉？"他的情感会被自然引导出来："我都不敢看微信，因为微信上那么多好友，但是没有人关心我，只有人问我工作。我就不回复消息，把微信关掉，一直刷视频，一直刷。"

当来访者一连串的动作像剧本一样被还原出来以后，你肯定不会干巴巴地说："你心情不好，还挺难受的。"而是知道来访者在心情不好那段时间，他是怎么度过的、他是怎么想的、他有哪些感受，这样就能有针对性地给予来访者回应了。

▎切换思路：为什么咨询不仅仅是寻找问题成因

· 陈海贤

让很多新手咨询师苦恼的一点是，来访者的问题背后有那么多原因，到底哪个才是真正的导火索？这种工作思路是错的，但错得特别有意义——新手咨询师面对来访者时，会带着一个所谓健康人、完美人的标准，铆足了劲儿去找来访者区别于健康人、完美人的原因，并试图改变来访者。事实上，心理咨询从来不是按某个标准去"修理"来访者，而是为了推动他朝前看。成熟的心理咨询师使用的是另外一种"找出路"的思路——来访者遇到了什么困难，他想要改变的方向是什么，怎样才能推动他的改变。

比如一对夫妻找你做咨询，这位妻子对丈夫有很强的控制欲，要求他做什么事之前都给自己打电话，夫妻生活也要有仪式感。但丈夫对她的态度很冷漠，不想过多表达感情，久而久之，两个人就形成了一种追逐模式。

如果按照找问题的思路给他们做咨询，你可以从他们身上找到很多问题：这位妻子小时候父母不在身边，所以她对关系很没有安全感，必须要伴侣给她很多的爱才可以；而在这位丈夫小时候，他父亲对他母亲很冷漠，所以他长大后使用了父亲的方式来对待自己的妻子。这是原生家庭的问题。当然你也可以认为问题在于他们的认知思维有偏差，比如妻子觉得女人要被疼爱，丈夫就是应该经常向自己表达爱意；但丈夫觉得自己是个男人，动不动就说我爱你，太不爷们了。你还可以找到互动模式的问题，比如妻子习惯了在关系里做那个追逐着丈夫、主动表达的人，丈夫也习惯了做那个冷漠的、等着妻子来追逐自己的人。这么多种原因似乎都是成立的，你要怎么办呢？

正确的做法不是想着到底哪种原因才是夫妻出问题的导火索，而是从"找问题"转换到"找出路"的思路，从这些原因中找到一条最能让他们发生改变的路。比如他们谈到原生家庭时反应最大，妻子说自己小时候因为父母不在身边，生病了只能趴在窗户上，一边哭一边想爸妈什么时候回来，经常想着想着就靠着墙睡着了，你就要对她的成长环境表示理解：“原来你的过去那么难。”你的这种理解，也会让丈夫理解自己的妻子过去经历过什么，为什么她会追逐自己，这样他们彼此也会理解。接下来你就可以和丈夫沟通，妻子现在还在受原生家庭的影响，这说明你对她的影响还不够大。有没有可能我们做点什么，来增加你对她的影响呢？你觉得怎样调整，能给到妻子安全感呢？

你看，这样就可以促进他们的改变了。而且转换思路后，咨询的视角也打开了。你还可以问这对夫妻："你们都受到过原生家庭的影响，那么你们在小时候，有憧憬过建立一个很温暖的家庭吗？"他们小时候的憧憬也会变成改变他们关系的动力。

做心理咨询，不能像法官判案一样，找案件背后的事实依据来判断，而是要聚焦来访者现在想改变什么，你能为他们做什么，怎样合作彼此才能达成改变。过去业已发生，不可逆转，未来才是希望。

促进改变：如何让来访者发生实质性的改变

·李松蔚　陈海贤

心理咨询会为来访者带来什么改变？很多新手咨询师认为是帮助来访者走出阴影、获得新生。但这些说法都过于概念化了。我认为来访者的任何改变，都要落实到他离开咨询室后的行动中。来访者需要习得新的经验，尝试原先没有做过的事。

心理咨询师刘丹老师有位来访者，他已经是成年人了，但他的母亲总是干预他做的决定。刘丹老师告诉他："下次跟妈妈讲自己的计划时，可以试着讲完了就直接走开，而不是坐在那里等着她反对自己。你作为一个成年人，不是在和她商量，而是在告诉她你的决定，你有权利这么做。"之后刘丹老师带着来访者在咨询室里反复练习这个动作，让他有一定经验后再去应对妈妈。这种做法，就是帮助来访者用新经验覆盖旧经验。

积极心理学家乔纳森·海特曾提出过"象与骑象人"的比喻：人的情感好比一头大象，理智则像是骑象人。骑象人手握缰绳，好像在指挥大象。但和大象相比，他的力量微不足道。出现大象想向左，骑象人想向右的情况时，骑象人通常是拗不过大象的。骑象人所代表的理智的自我如果要达成改变，就要理解感性的大象，把握大象的特点。

海特告诉我们，大象最突出的特点，是它被强化了的经验所支配。比如，在刘丹老师这位来访者的想象中，自己做决定，不被妈妈干预更好。但他并没有体验过这种好处，他切身体验过的，是可以放任不管的清闲，还可以不用承担把事情搞砸后的责任，甚至是可以因此在成年之后，继续和妈妈保持亲密感。他切身体会过那么多由妈妈做决定带来的好处，所以虽然他心里想要自己做决定，但当他妈妈再度干预时，他还是没法拒绝。这正是因为他心中的大象被这种强化的经验支配了。

所以，咨询师为来访者创造新经验、推动改变时，要先了解旧经验给他带来的好处，以及这个经验是如何被强化的。我接待过一位来访者，她当时大学刚毕业不久，在一个陌生的大城市工作。每天晚上下班，她都会搜寻当地有名的小吃店去吃东西，而且吃的时候总是控制不住自己，吃撑了都不能停下。她很苦恼，想要改变。

她告诉我，她工作压力很大，经常要加班到晚上八九点；加上她一个人租房子住，回去后屋子空荡荡的，没什么意思，寻找美食就成了她唯一的娱乐方式。每天下班后，她都会坐地铁到某个人来人往的闹市区，找家小吃店，一边吃，一边看着熙熙攘攘的人群，感受烟火气。每次吃完，一想到要回到那个空荡荡的屋子，她就跟自己说，不如再待一会儿、多吃一点儿，反正回去也没什么意思。结果吃着吃着就撑了。

最初引起她大吃特吃的刺激，不是美食，而是想到"下班后要回到那个空荡荡的屋子"的孤独感。给她带来好处的经验，也不光是美食，还包括去吃美食的路上挤地铁、在闹市区感受烟火气等一系列行为。这种经验缓解了她独在异乡的压力和孤独感，在被反复强化后，她就很难做出改变了。

我当时对她说："人生已经如此艰难了，你不需要完全否定吃，吃也是一种减压方法。但你其实可以找一个更健康的替代方式，比如健身、参加读书俱乐部、跟朋友去看电影等，慢慢地用它们代替吃。"我建议她每周一、三、五去试验新方法，二、四、六用"吃"这个老方法，看看哪个感觉更好。最后，她找到了一家羽毛球俱乐部，还在那里认识了几个新朋友。慢慢地，她也能够控制自己的饮食了。

这就是在让来访者身体里的理智自我和感性自我，也就是骑象人和大象达成配合，把力往一个方向使。但这个过程肯定不是一两次就可以完成的。所以如果你和来访者使用了这个方法，就要在他下一次来咨询时问他："上周尝试的情况怎么样？"

如果他感受特别好，就接着问："为什么感受会这么好呢？"如果他说感觉很糟糕，你就要追问："是不是遇到什么困难了呢？"如果他并没有按方案采取行动，你也要问清楚原因。这样才能全面了解他的情况，并根据情况进行调整，进一步促进他的改变。

恭喜你！到这里，你和来访者完成了从制定咨询目标到促进改变的全部流程。但在真实的咨询过程中，你还会遇到各种棘手的难题。比如,来访者不信任你的能力、怀疑咨询效果、突然中断咨询……这些情况都有可能发生,而且它们会大大增加咨询的难度。现在,我们就去逐一击破它们,收获攻克难题的方法。

如何应对咨询中出现的各种难题

信任难题：来访者不信任你的能力，怎么办

·陈海贤

新手咨询师普遍会面临信任难题。前文提到过，心理咨询师在实习阶段就经常遭受质疑——"你做咨询才多久，行不行啊？""你这么年轻，你能理解我在经历什么，你能处理我的问题吗？"很多新手咨询师为了留住客源，会忍不住夸大自己的能力，一味强调自己做过的成功案例。

但这不是信任难题的破解之道。一旦这么做了，后续你就要拼命把弱点藏起来，维持自己经验丰富的人设，整个咨询过程也会因此变得很别扭。

也许是出于自我保护，很多咨询师会把这种不信任以及后续别扭的咨询过程看作是来访者的问题。但我不这么想，毕竟选择合适的咨询师是来访者的基本权利。在我们的资质、能力、个人气质还不足以让来访者信服的情况下，或许我们应该承认，自己并不适合这个来访者，要有"不是每个进店

的顾客都会买你的商品"的坦然。

在这个基础上,我们再来讨论怎么处理信任难题。我想分享两个可以把来访者的质疑转变为咨询契机的方法。第一,**顺着来访者的疑问,了解他的困惑和期待是什么**。如果你是未婚的新手咨询师,一个已婚的来访者问你:"你都没有结过婚,怎么能处理我的问题呢?"你可以诚实地回答:"我确实没有结婚,但我愿意跟你一起探索在婚姻中的难题和困惑,寻找可能的出路。这也是心理咨询师的工作。我没有经验的部分,也许你可以告诉我。"或者你可以更直接地问他:"你能讲讲你的困惑吗?让我们一起来想想,这个困惑是不是一定会妨碍我们一起工作。毕竟心理咨询师也不是需要具备所有的经验,才能开展咨询工作的。"

欧文·亚隆在他的自传《成为我自己》里分享过他是如何应对来访者的质疑,并将其转变成咨询契机的。亚隆辅导过一个近期丧偶者的团体,当时有人向他提出了质疑:"你的家人都在你身边,你好好享受着天伦之乐,你真的知道什么叫丧失吗?"亚隆回应道:"你是对的,我承认自己有时羡慕那些生活在边缘的人……但是你说我没有悲剧经验是不对的。我会情不自禁地想到死亡。我经常想象,如果我的妻子病入膏肓会是怎样,每次我都充满了难以名状的悲伤……我自己也在不断衰老,走向人生的终点……"这个人听到这番话时，禁不住轻微点头。我们可以从她"身体的摩斯密码"了解到，亚隆做出了令人满意的回应。

简言之，如果来访者质疑你经验不足，你要告诉他，"有经验"并不是心理咨询的前提条件。真正可以治愈来访者的，是你愿意靠近他，理解和感受他的经验。

第二，来访者对你的不信任，也折射出了他自己的关系模式。他可能在平常生活中就习惯贬低别人，还是新手咨询师的你经验不多，自然成为他的打击对象。观察到他有这样的关系模式后，当他再质疑你的时候，你就可以和他讨论："我注意到你每次都在打击我、怀疑我，而且你在这么做的时候表现得很开心。你为什么感觉很开心呢？"这样就把打击和质疑，变成了对来访者关系的探讨。

我曾遇到过一位来访者，来咨询很难跟别人建立亲密关系的问题。他来咨询的前两次，把我捧得很高，觉得自己好像遇到了救星。但到第三次咨询的时候，他开始攻击我，不停地跟我说："我觉得你不行，这个咨询对我没什么帮助。"

这让我很受挫，在他第四次找我咨询时，我指出了其中的矛盾，问他既然没有帮助，为什么还来呢？是想看到我受挫吗？后来他才慢慢告诉我，他其实是在试探，当他这么攻击我的时候，我会不会接纳他。如果我接纳了他，他才有可能跟我袒露内心的真实感受；如果我不接纳，他就可以跟自己说:"看吧,这个咨询师就是不行,幸亏我没有信任他。"而这正是他在关系里遇到的问题。

明白了这一点,我们就可以根据他的问题探讨,之后他再说我不行的时候,我会回应说:"我知道啦。我是不太行,但你还是可以信任我。"有时候我也会跟他开玩笑说:"我是不太行,我的不行有另外的名字,叫你的不安。"这种互动慢慢变成了咨询的切入口。

当然,如果来访者仍然觉得不合适,你也不要因此受挫。要允许不合适,允许来访者有选择、评价心理咨询师的权利。你还可以了解对方的需求,把对方转介到需求匹配的心理咨询师那里。如果一味强求,来访者心里有阻力,对后续的咨询效果也会有影响,你反而会遭受打击。

效果难题:来访者觉得咨询起效慢,怎么办
· 陈海贤

做咨询免不了会遇到来访者抱怨"咨询起效怎么那么慢呀""好像都没什么变化呀"。很多新手咨询师一听来访者这么说,就会很慌张,连忙否定来访者:"没有慢呀,是你太心急了。"

这肯定是错误的做法。遇到这种情况，我们不要去否定来访者的感受，而要看看具体出了什么问题，导致来访者感受不到咨询效果。

第一种情况是，我们发现咨询的确一直在一个问题里打转。如果是这种情况，来访者说慢其实是好事，这代表他有强烈的改变动机，他的动机就是咨询可以利用的资源。我有一位来访者非常想和妈妈划清界限，让妈妈不要继续控制他的生活。但咨询几次后，他都没有做到。因此他和我抱怨："怎么还是没有改变呀！"当时我首先承认了他的感受："原来你那么想改变，觉得现在进度慢，那现在我们可以来讨论，看看怎样让改变更快地发生。"同时这句话也是在对他发出邀请，让他从觉得改变慢的焦虑者的角色，变成一起继续推动改变的行动者的角色。

接下来我调整了咨询思路，问他："我们暂时先不处理你和你妈妈的关系，你能不能和我谈谈你的生活？你的生活中除了妈妈，还有别人吗？比如爱人、朋友。"这时我才知道，他之所以没办法和妈妈划清界限，是因为他的生活中只有妈妈。如果完全脱离妈妈，他就会产生孑然一身的孤独感。所以我和他商量，我们先来解决孤单的问题。这样就可以把这股隐形的阻力化解开来，一点点靠近他的咨询目标。

这种来访者抱怨咨询起效慢的情况，也会督促你去寻找不同的解决方案。我还有一位来访者，总是纠结要不要辞职去做插画师。我们咨询了好几次，讨论了他为什么害怕，对未来的期待等，他仍然下不了决心。我发现他心里是想去画画的，可是他对自己的能力并不确信，甚至觉得自己不配做这样的选择，如果做了就会大祸临头。我也很苦恼，我既没法评判他的职业能力，也不能帮他做选择，跟他讨论了好几次内心的害怕，都不足以帮他做出决定。后来我换了一种做法，让这位来访者周六去图书馆找一些画册，给里面的插画师排名。他表示第三名跟他水平相仿，第一名、第二名水平在他之上，第四名和第五名水平低于他。我就让他分析第一名、第二名比他好在哪里，那些比他差的人又差在哪里。这样给他安排了几次作业后，他不再只是评价自己，也开始评价别人。这个评价者的角色给了他一种客观的视角，从而使他找准了自己在市场上的位置，并最终做出决定。

第二种情况是，来访者对咨询有不合理的期待。比如来访者希望自己不要那么敏感，但咨询两三次就抱怨为什么自己还是如此，没有丝毫改变。这时我会告诉他："对不起，你没有办法、也不需要马上把自己变成另外一个人。我们要做的，是在处理具体的事情中积累经验。"

我会在咨询过程中问他对哪些人最敏感，这种敏感对他造成了怎样的困扰，怎么做可能会减轻这种困扰；我们也会讨论这种急切的改变背后的焦虑是什么，不要那么敏感对他而言究竟意味着什么，以及改变发生以后他想去做哪些事。

当然，心理咨询师也可以跟来访者分享自己对"他的敏感"的理解，以及可能的改变途径。比如说："你的敏感来自对'不被认同'的恐惧，这对你而言曾是很痛苦的经验。我们要慢慢学习，不是所有人都有资格评价你，你不需要把所有评价都看得那么重要。"

这会把来访者放到改变的历程里，让他在过程中体验变化，而不是迅速脱胎换骨成为另一个人。如果来访者接受了这样的设定，他也会放下原本不切实际的期待。

第三种情况是，来访者本身是急性子，在生活中做任何事情都想很快得到好的结果。这时，咨询起效"慢"本身对他就是一种帮助。一般我会放缓语气跟他说："你注意到了吗？你生活中的很多问题，就是因为想要快速获得一个答案而忽略了过程。所以我想，学习慢这件事本身就对你有改变的意义。不如我们在咨询里一起学会慢下来，一点点去经历我们的改变。"

遇到来访者抱怨咨询效果时，不要觉得来访者是在无理取闹，或者觉得自己已经努力做得很好了。你可以先分析他属于哪种情况，准备好应对方案。

脱落难题：来访者突然终止咨询，怎么办

·陈海贤

在咨询过程中，会出现来访者在没有事先通知心理咨询师，咨询也没有达到目标的情况下，自行结束咨询关系的脱落现象。很多新手咨询师，甚至一些有经验的心理咨询师都会觉得这是来访者的选择，和自己没关系，就不再联系来访者了。这其实是一种不负责任的行为。我们接下来看看，在哪些情况下会出现脱落问题，咨询师又要如何应对。

第一种情况是到了改变的关口，来访者对即将到来的变化感到害怕，决定叫停咨询。这种时刻很像心理咨询师和来访者在黑漆漆的山洞里寻找出口，眼见着就要走到出口，拥抱崭新的世界了，来访者突然对新世界感到恐惧，转身跑掉了。这时你就要请助理联系来访者，转达自己在之前的咨询过程中对他的理解，并给出邀请他继续做咨询的理由。语气一定要真诚，让他感觉到关心。

我的来访者里有一个中学生，因为父母经常吵架，于是他便不再去学校，而是在家看着父母，用这种方式胁迫父母和平共处。咨询时，我和他达成约定，接下来他要把注意力集中在自己身上，发展自己。结果到下一次约定的咨询时间时，他没有来。我判断他已经习惯了扮演调节父母矛盾的角色，在和

这个角色剥离的过程中，他内心充满了恐惧。我就让助理问问他不来的理由。他说最近比较忙，但这听起来像是一个借口，我就给这个来访者写了一封邮件，在邮件里说："我理解你的犹豫，也知道改变的困难。但你已经决定了改变，无论这条路有多难，你都应该继续往前走。当然，要不要往前走是你的选择。但既然你曾找到我，让我帮你做出改变，那么如果你要改变主意，决定放弃，也请你来最后一次，当面告诉我。"收到这封邮件后，这个来访者重新回到了我的咨询室里。而在那次咨询中，我们从上次遇到的困难开始，重新踏上了改变的道路。

第二种情况是咨访关系在冲突中结束。李维榕老师就遇到过这样的情况——来访者是一对带着孩子的夫妻，这对夫妻在生活中吵得不可开交，到了咨询室之后，李维榕老师为了促进他们关系的改善，用力很猛，激发了他们深层的矛盾，结果他们在咨询室里吵得更厉害了，孩子也哭了起来。咨询结束后，到了下一次约定的时间，他们就没来。

李维榕老师的助理三番五次打电话过去，他们都用孩子身体不好、孩子要准备考试等理由搪塞。遇到这种情况，可能其他心理咨询师就放弃了，但李维榕老师很坚持："我们不能在这样的情况下结束咨询，你们可以再来一次，来过这次之后再做决定吧。"

这个家庭再次来做咨询时，李维榕老师没有继续谈他们夫妻之间的矛盾，而是围绕孩子展开谈话，聊他的兴趣爱好与特长，孩子的父母聊得神采奕奕。李维榕老师始终认为，咨询如果在冲突中结束，对这个家庭是一种伤害，他们会认为自己的问题是无解的，因此非常受挫。所以她坚持请这个家庭回来咨询，通过谈论孩子身上的闪光点，让这个家庭看到希望。这样即便他们仍然选择结束咨询，也是带着希望离开的。

我自己也从李维榕老师的案例中学到了非常重要的原则，就是**来访者一定不能在伤害、无望中脱落**。我曾经遇到过一个关系很差的家庭，在一次咨询中，这对父母直接在咨询室里把孩子骂哭了，之后他们到了约定时间也没有来做咨询。我请助理给对方打电话，要求他们一定要再来一次。他们再来时，我向李维榕老师学习，努力激发孩子最好的一面，所以咨询就在比较融洽的氛围中结束了。这次之后，是否继续做咨询就是来访者自己的决定了。

除了上面提到的两种情况外，你也可以使用以下两个方法，防止来访者脱落。第一个方法，是一次收两次的费用。我见过一个心理咨询师，他为了防止来访者脱落，会要求来访者一次性支付两次的咨询费用，并和来访者说清楚，多支付的咨询费用，在决定终止咨询时可以随时取走。这样来访者做咨询时，如果说下一次不来了，他就可以和来访者讨论决定终止咨询的原因,即便最后来访者仍然决定终止咨询,心理咨询师对来访者的状态也会比较有把握。

第二个方法是,如果在咨询过程中感觉到谈话很沉闷,没有按预期推进,那么你可以在结束时主动告诉来访者:"我们这次没有聊出什么成果,但心理咨询的过程的确有时候比较沉闷,有时候会比较有突破,这些情况都是正常的。下一次我们咨询时,或许可以聊点不一样的。"这样来访者就会明白,咨询不顺利只是暂时的,从而降低脱落的可能性。

复发难题:来访者有复发的情况,怎么办

·陈海贤

咨询结束时,让很多新手咨询师和来访者不安的一点是,来访者会不会复发,会不会再度回到过去糟糕的情况中?

事实上,来访者的状态反复是常见现象。这时,你应该扮演与来访者历经内心世界风景的老友的角色,和他共同面对咨询结束后可能出现的复发情况。

你可以和来访者回顾改变的经验。举一个家庭治疗的例子,这对夫妻在接受咨询前特别爱吵架,妻子很没有安全感,

经常担心丈夫会抛弃自己。而丈夫虽然很爱妻子，但当妻子表达需要他的陪伴，或者跟他说什么事时，他都会下意识地回避对方。两个人没办法正常交流，就产生了通过吵架来获得亲密感的关系模式。但争吵总伴随着攻击和伤害，导致他们的关系一度非常胶着。

在结束咨询时，他们说很担心之后还会回到过去争吵的模式里。当时我说："我们来看看，这一路上我们学到了什么？"我先回溯丈夫这边，告诉这位丈夫：你已经不再回避，可以和妻子直接表达自己的感受。比如当妻子跟你说话时，如果你觉得工作压力很大，暂时没有办法认真听她讲话，你会坦诚告知："我现在感觉工作压力有点大，我先调节下，晚点我们再谈好吗？"接着我和妻子说：你看你已经慢慢做到了，不再是他一送你东西，或者一沉默，你就觉得他要离开你。你的内心已经逐渐充盈了，你对你们的关系也更有信任和安全感。

在这个过程中，他们都看到了自己和对方习得的新经验。接下来我对他们说，你们已经可以和彼此交谈，已经有一个很好的关系模式了，请你们再用这种模式来谈谈你们未来想怎么建设自己的家庭生活。当他们重复这样的练习之后，改变的经验再次得到了强化。最后这对夫妻达成了共识——彼此在生活中互相提醒，如果还有担忧的地方，可以写下来，作为彼此使用新的关系模式时的注意事项。

个体治疗结束时，也是类似的方法。比如一位抑郁症患者接受咨询后，慢慢好了起来，在咨询结束时问我："陈老师，会不会有一天我又回到抑郁的状态？"当时我回应他："是有这个可能，我们一生中会遇到很多难题，你也不例外。但你现在已经有一种新的眼光和经验了，即便未来有可能复发，我也希望你可以带着自己在这里被治愈的经验生活，知道自己会好起来的。"

咨询师还应该告诉来访者，如果复发了，觉得难受，随时可以过来。有的来访者习惯了你在身边，咨询结束就好像是把拐杖放开，重新学着走路，这会让他没有安全感。而你这么做就是在告诉他，你还在他身后。你甚至可以再和他约定一次咨询："如果你愿意，可以一两个月后再来见我一次，我再看看你的状况。"这样对方就会带着一份安全感走出这段咨询关系。

心理咨询是来访者在路途中感到疲劳时休憩的驿站；也是他离开驿站继续往前走，感到害怕时可以回望、获得安慰的地方。

接下来，我们来看一项对于咨询全过程的要求——保证好状态；状态不好就暂停咨询。为什么要这么做呢？

工作要求：为什么状态不对，就要暂停咨询

·李松蔚

我们都有某天状态好、某天状态不好的体验，这对工作似乎不会有太大影响，无非是状态好时，把状态不好时落下的进度拉齐的问题。不同于其他工作，心理咨询师对"状态"的要求特别严苛。有经验的心理咨询师感觉自己状态不对了，都会先暂停咨询工作，调整自己的状态。

我自己曾有半年时间完全停止了咨询工作。因为当时孩子刚刚出生，我又要准备博士论文，生活和学业上有很多琐碎的事，让我没法很好地保持工作状态。心理咨询师是以自己为工具的工作，不管来访者在咨询室里说什么，都需要咨询师保持稳定的工作状态，把谈话的关键点转化成工作契机。比如在咨询室里，我的来访者对我说："李老师，你为什么一直在提问，但是从来不给我建议？"如果在正常的工作状态下，我会思考，来访者说这句话背后的需求是什么？我怎么做，才可以推进他对自己的理解？但如果状态不好，我可能就会马上为自己辩护："啊，你不知道吗？心理咨询都是这样。"又或者我害怕流失客源，从而讨好他说："你需要建议吗？我现在就给你一些建议。"但当我这么回应时，我都不是在做咨询的工作状态里。

美国心理咨询师洛莉·戈特利布也在书中分享过她的经历——她的来访者,一个好莱坞的著名编剧,坐在她对面喋喋不休地说道:"我的生活中遇到的所有人都是蠢货,我的上一个咨询师也是蠢货,你知道我为什么会找你吗?因为你不够优秀,也不够有名气,所以找你做我的咨询师,就不会碰见我的同行。"

这位已经很有经验的咨询师,虽然在心里不断告诉自己"心怀慈悲,心怀慈悲",但她知道自己快要撑不下去了。因为就在前一天,她刚和男朋友分手,此时她无法心平气和地面对来访者充满攻击性的说法,更谈不上从来访者的言辞中找到咨询的线索。所以送走这个来访者后,她马上暂停了自己接下来的咨询,给自己预约了一位心理咨询师处理个人议题。

前面举的只是相对温和的例子。在咨询室里,还会发生很多你意想不到的极端情况。比如来访者会用挑逗、甚至是猥亵的语言和心理咨询师谈论性,会用血腥的语言谈论他的暴力倾向,甚至还会对心理咨询师大吼大叫:"我恨你!""你是全世界最徒有其名的咨询师!"

这些极端情况对心理咨询师的状态要求非常高。比如当来访者对咨询师说"我恨你"时,良好状态下的心理咨询师不会觉得被攻击或者被冒犯,而是会回应对方:"当你在说这句话时,你的感受是什么?"或者回应:"如果我让你觉得非常生气,让你感觉恨我,我想知道这种生气会让你联想到生活中的什么人?"只有这样,心理咨询师才能在每一场"人心的相逢"中,引导来访者走向连他自己都不知道的内心深处。

请注意啦,如果你在面对某个来访者时会产生愤怒、失落等强烈的心理波动,而且这种情况持续了很长一段时间的话,你要做的就不仅是暂停咨询了,还要把来访者转介给更合适的心理咨询师或者精神科医生。

但这可不是"转介绍"那么简单,而是一项你需要专门训练的能力。为了更好地理解、训练转介能力,刘丹老师的建议请你务必收好。

当来访者不适合做咨询时，如何进行转介

转介能力：为什么转介并不意味着无能

·刘丹

很多新手咨询师觉得既然来访者来做咨询，不管对方处于什么情况，自己都要通过咨询去帮助对方。甚至还有人觉得，如果来访者来做咨询，自己解决不了对方的问题，把对方转介出去，就意味着自己无能。这些认识都是错误的。在美国心理学会（American Psychological Association，简称APA）的心理咨询师胜任力模型里，一项重要的评估标准就是转介能力。它不是转咨询介绍那么简单，考察的是心理咨询师运用跨学科支持系统的能力。

人的心理问题是连续谱。比如我现在用电脑，电脑突然死机了，我感觉特别恼火；过一会儿问题解决了，我就平静了，这是最轻的心理状况。接着我出门和人大吵一架，遭遇对方的言语和身体攻击，痛苦的感受更严重了。再后来我可

能因为别的什么难以承受的事情而精神崩溃，甚至产生轻生的想法。这整个过程就是一个人心理问题的连续谱。心理咨询通常针对的是连续谱上的一部分，即来访者遇到了自己不能处理的心理问题，但这个问题还没有发展成严重疾病。如果来访者的心理问题处于连续谱上的其他部分，心理咨询师就要将他转介至其他系统，比如危机处理系统、普通医院处理系统、精神医学科系统、生活系统等。

我自己发明了一个五字口诀——"急体生重心"。急，就是来访者是否处于紧急状况；体，就是来访者是否有身体疾病；生，就是指来访者是否在寻求解决生活问题；重，就是来访者是否有严重的心理疾病；心，就是来访者是否存在心理上的问题。只有最后心理上的问题，是心理咨询师能做的，其他部分都需要转介出去。

怎么运用？很简单，这五个字就相当于五个盒子，来访者到咨询室后，先评估来访者属于哪种情况，通过转介将其放置在对应的盒子里。

先说紧急。来访者说他打算跳楼自杀，这就属于紧急状况。这时有的心理咨询师还忍不住和对方说："你怎么能有这样的想法呢？自杀是不对的，你要想想你的父母。"在紧急情况下打开咨询的界面，这显然是错误的做法。正确的做法是把来访者的情况放到写有"急"的盒子里，启动危机干预系统，评估来访者自杀的情况有多严重，同时必须告诉所在机构当天值班的领导或者其他资深的心理咨询师，请求他们配合，确保来访者的人身安全。

再说身体。如果来访者坐在咨询室里精神恍惚，连正常表达都没法进行，这很有可能是来访者身体状况亮起了红灯，存在低血压、心梗、中风等风险；有的来访者甚至可能在来咨询室之前就已经服用过对身体有伤害的药物了。遇到这种情况，首先要做的不是咨询，而是确保他的身体安全，把他转介到医生那里。

接着说生活。一个典型的情况是来访者到了咨询室里，说着说着就问心理咨询师："我也想考心理咨询师证，你能不能告诉我怎么考这个证？"这类问题不是心理咨询的问题，而是生活问题，它不应该在咨询室里讨论，所以你要告诉来访者："这个问题可以去大学的心理系咨询，或者去网上查询。如果有心理困扰，你可以跟我讲，比如你不喜欢现在的工作，但不知道要不要换工作。你对换工作这件事很恐惧，这种让你感到困扰的心理问题，是我可以和你谈的问题。"所以，遇到来访者在咨询室里谈生活问题，一定要清楚地告诉他，让他去生活中寻求相应的解决办法，这也是运用生活系统进行转介。

最后是来访者有严重的心理疾病，比如中度或者重度抑郁症、精神分裂症、躁狂症等，都是需要心理咨询师和精神科医生联手处理的问题。大多数心理咨询师没有医学执照，即便有执照，也不能在咨询室里随便诊断。心理咨询师能做的就是评估，比如来访者说他有幻觉，说有人要杀他，或者是有幻听，总是听到有人跟他讲话，在这些情况下，就应该启用精神医学科系统，把来访者转介过去。

需要再次强调的是，心理咨询师只能解决连续谱上某一部分的问题，上述四种情况都是明确要转介出去的。当然，转介绍出去后，心理咨询师还要有转介回来的能力。比如把来访者送往医院后，心理咨询师需要和机构前台管理人员说明，来访者后续可能还要进行心理咨询，同时了解来访者在医院的情况，确保他按照医嘱服用药物、接受医学治疗。

总之，转介不是转咨询介绍那么简单，而是运用跨学科支持系统的能力，是一个心理咨询师有职业胜任力的表现。

把来访者转介给心理咨询师不难，但心理咨询师要把来访者转介给精神科医生的话，很可能会碰到找不到合适的转介对象的情况。那要如何为自己储备一些精神科医生的人脉资源呢？你可以参考张海音老师的建议。

首先，在学习心理咨询的过程中，有一些课程（比如心理问题的识别和诊断）的授课老师通常是精神科医生。如果你

觉得他们讲授的内容很专业，也能很好地解决你的问题，可以留下他们的联系方式，作为之后转介的储备。

其次，由于儿童精神科和普通精神科在医院通常是两个科室，认识一两个儿童精神科的医生对于未来青少年来访者的转介会很有帮助。

当然，普通精神科里也有细分，比如有的医生擅长处理女性产后精神疾病，有的更擅长处理老年人的精神问题。你要考虑到来访者群体的不同年龄段，有针对性地进行储备。

转介训练：如何突破转介过程中潜在的障碍

· 刘丹

前文提到，如果心理咨询师在咨询过程中发现自己帮不了来访者，就需要找到整个系统里对他最有利的资源，为他提供服务。我经常和还在学习的实习咨询师、刚刚入行的新手咨询师说，你可以暂时没有过硬的咨询技术能力，但你必须要进行专门的训练，直至完全学会转介。

对此，很多新手咨询师表示不解，他们说："我不能和来访者说，你得去找李老师或者赵老师做咨询。我这么说，他肯定会觉得我抛弃了他，我在拒绝为他服务，我怎么能拒绝来访者呢？我说不出口。"但转介不是拒绝来访者，而是更好地为来访者服务。打个比方，你觉得腿疼的时候，先是去内科看医生，内科医生一看你的情况，说你需要去骨科。你会觉得他是在抛弃你吗？当然不会，你知道他是在为你介绍更适合你的医生，给你提供更对口的服务。

新手咨询师觉得自己转介是在抛弃来访者，这种想法的深层原因其实是在彰显个人价值，觉得自己对来访者非常重要，而不是真正在为来访者服务。这是需要专门训练的地方。

具体怎么训练呢？你可以和一起学习心理咨询的同辈同学进行角色扮演。一个扮演来访者，一个扮演心理咨询师。扮演心理咨询师的人要根据来访者的情况，清晰地向他表达："你的情况我了解了，我觉得张老师的认知行为疗法更适合你，我建议你可以先去跟张老师咨询一段时间。或者如果你想有其他选择，我们这里还有其他的心理咨询师，对你的情况也有成熟的经验。"之后两个同学彼此交换练习。直至练习到可以完全自然、没有任何心理障碍地说出这句话才算过关。

当然，能顺利地转介，也需要咨询师了解能为来访者提供更好服务的资源在哪里，他们各自的长处和特点是什么。这就像一名医生要知道全医院有什么科室、有哪些医疗设施一样。

除此之外，还有一项需要特别注意的地方——很多新手咨询师认为，把咨询转介出去了，就意味着自己没有来访者、没有工作了，这也是错误的看法。转介除了是心理咨询师的专业能力外，还是这个行业的共识，大家都在使用这个共识为来访者提供更好的服务。当你把自己的来访者转介给更适合的同行后，同行也会把来访者转介到你这里。当然，这也要求每个心理咨询师要在机构、相关网站、个人平台等宣传页面，以及与同行的交流中，介绍清楚自己的专业特点。比如自己是更擅长给年轻人做咨询，还是给中老年人做咨询，更擅长使用音乐治疗，还是沙盘治疗。当同行清楚地了解你的情况后，遇到合适的咨询也会转介给你。

到这里，你已经通过职业预演，攻破了新手心理咨询师所面临的各类典型难题。你知道了如何准备入行，了解了实习阶段的选择，也学会了应对独立咨询阶段要面对的重重考验。恭喜你，你已经顺利地将新手咨询师的能力和智慧收入囊中。

现在，我们即将进入心理咨询师成长的下一阶段，你将迎来新的挑战和新的成长，我们一起期待。

CHAPTER 3

第三章
进阶通道

现在，我们来到了心理咨询师职业预演之旅的第二站。请你想象自己是一名处于职业生涯精进期的心理咨询师——你的咨询时长已经累积到了1000～2000小时，每周你都会有稳定数量的来访者，你的收入也有所增加。但如果你想为更多的来访者提供更有针对性的服务，你还要进一步提升自己的工作能力和专业素养。所以，我们在进阶通道这一章安排了两块内容。

第一块内容针对工作能力的提升。你要学习把自己的感受和情绪当作咨询武器使用，在咨询中通过"用自己"化解难题。

第二块内容针对专业素养的提升。心理咨询师面对的各种极端考验，你在工作中或许不会全部经历，但你可以通过职业预演提前了解化险为夷的方法。

进阶通道这一章的内容非常关键，它直接影响着一名心理咨询师能否顺利走到高手阶段。所以，让我们一起慢慢看、慢慢感受、慢慢理解，把前辈的经验变成"长"在你自己身上的真本领。

想进一步提升工作能力，要做到哪些事

何为"用自己"："我"在咨访关系中处于什么位置

·陈海贤

"用自己"，简单来说，就是你把自己的情感、思想投入到和来访者的关系中。你要以一个全人状态和来访者建立连接，并用自己在关系中的真实反应影响来访者。这种反应不完全是包容、接纳和共情，它也有可能是激烈、严厉的。

我的一位来访者是个很爱美的女中学生，但她压力一大就抠脚，把脚抠得不堪入目。她妈妈特别着急，找到我说，可不可以让女儿改一下这个问题。对于这个来访者，我就通过"用自己"来改变她——我是男性，她是青春期的女生，我想她应该很在意我的看法。我在咨询时对她说："你能不能把你的鞋脱下来给我看看。"她当然不肯，很害羞地说："我不好意思。"我坚持道："不行，这是我们的治疗，你一定要让我看一下。"

她把鞋脱了以后，我故意露出很夸张的表情："哇，脚怎么成这样了？我看你的脸，觉得你是一个很漂亮的女生，但你的脚看起来像是七八十岁的老太太的脚。如果让你们班男生看见，他们一定大吃一惊，对你整个人的印象都不好了。"

她当时对我非常生气，同时又有一种羞愧感，但这种羞愧感转而变成了她改变的动力。我对她讲："你还向你妈妈要钱买化妆品，说明你是很爱美的；可是你的脚妨碍了你爱美，连我都看不下去了。我其实也没有什么别的治疗办法，就是一个月后你要穿着凉鞋来见我，如果你不停止抠脚，愿意让别人看见你的脚那么丑，那也是你的选择。"

一个月后，她真的穿着凉鞋来见我，还特地把脚伸出来给我看："陈老师你看，我没有再抠脚了。"

在我和她的关系里，因为我知道她爱漂亮，在意异性的眼光，所以我就使用了自己作为男性的真实感受来帮助她改变。

家庭治疗大师米纽庆一直是我学习的"用自己"的高手。他曾经接待过一对有家暴的夫妻。丈夫打妻子时，妻子就把自己放在受害者的位置，用消极反抗的方式回应。后来他们找到米纽庆咨询，丈夫对米纽庆说："我很想把家暴这件事大事化小，小事化了。"米纽庆沉着脸说："这不是我的问题，这是你的问题。如果你在咨询的这一段时间再出现家暴的情况，对不起，我们立即停止咨询，因为我不给野蛮人做咨询。"米纽庆就是在用他对家暴的真实态度来回应来访者。

人和人之间的关系，本质上就是一个反馈系统。对于一个人的所作所为，另一个人的反应会告诉对方，我是不是接纳你。心理咨询师就是在这个反馈系统中对来访者施加影响的。

如何"用自己"：如何用"我"来影响来访者
·陈海贤

在武侠小说里，一代武林高手基本都要经历先练招式、练剑，再将招式、剑与人融为一体的阶段。在心理咨询中，如何让人和"招式"融为一体，真正做到"用自己"呢？

我认为首先要学会的，是思考咨询技术对你和来访者之间的关系产生了怎样的影响。

家庭治疗有一个提问方法叫"奇迹提问"，比如："如果有一天一位仙女在一夜之间把你所有的问题都解决了，你醒来之后会怎么样？"它通常会在来访者情绪失落、缺乏信心时使用。对此，来访者可能会回应："我不想这么遥远的问题，因为我想了之后，跟现在一对比会更加失望。"但有的心理咨询师会继续推动来访者往这个方向想："这样你的问题就有了更多的可能性。"

事实上，这种咨询方式会让来访者感到你在企图矫正他、否定他的想法，这样来访者会更加抗拒："我就是这么失望。"咨询进而变成了角力——一个想证明自己没有办法，另一个想证明自己有办法。在这种关系下，来访者的状态很难产生实质性变化。

如果回到和来访者真实的互动中，咨询师其实可以这么说："是什么让你感觉那么失望呢？"来访者感觉被接纳后，会继续讨论让自己失望的原因，原先非要争个输赢的博弈关系也就变成了合作性的咨询关系。

其次要学会的，是观察自己和来访者形成了怎样的关系模式。

人和人之间有固定的关系模式，想要改变行为，就需要改变和对方的交往模式。在生活中如此，在心理咨询中也是如此。有一次我参加了一个团体活动，其中一位女士总是先攻击我，然后向我示好，跟我道歉。我接受道歉之后，她便继续如此。为了打破这种固定的关系模式，当她再一次这么做时——她当着所有人的面说：陈海贤，我要向你道歉，我要重新认识你，我希望我们能相处得更好，希望你接受我的道歉——我告诉她："对不起，我不接受你的道歉。"

当时所有人都愣住了。但我鼓足勇气拒绝她之后，这位女士就不太敢说别人的坏话了，说话前也会先经过思考。

再次要学会的，是观察关系模式在来访者的问题中起到了什么作用。如果来访者明明做了不好的行为，你仍然对此表现出接纳的态度，那么来访者未来可能会变本加厉。比如一个青春期的孩子和妈妈关系很不好，因为他妈妈小时候没有陪在他身边，所以他对妈妈一直有怨气。在咨询过程中，他痛骂自己的母亲："你想想你当初是怎么对我的，你也会有今天。"这时候，如果你用共情的方式说"你好难过啊"，他就会继续这么做。面对这种情况，应该怎么办呢？

你可以用沟通的方式打断他对妈妈的怨恨。比如我会说："孩子，我知道你现在很难过，可是为什么那么多年过去了，你还是放不下这件事？怎么样才能让你放下？"还可以说："我知道你现在很痛苦，可是你要好好跟妈妈说话；如果你不能做到，我们也就无法知道你心里真正想表达什么了。"这样既安抚了他情绪，又干预了他不好的行为。

最后要学会的，是有意识地控制自己的行为，从而改变来访者的行为。心理咨询师和来访者的互动行为，本身就会成为来访者的经验。创造这种经验最简单的方式就是告诉来访者，自己对他讲的话有什么反应。有的心理咨询师也会通过放大或者缩小来访者问题的方式去创造经验。

比如上文提到的女中学生喜欢用抠脚的方式解压，我就放大了我作为一个异性对这件事的厌恶，激发她的羞耻心，让羞耻心成为她改变的动力。再比如一位来访者是还在念中学的男生，他说自己在学校里受到欺负了。你作为心理咨询师，不希望他把这个问题扩大化，那么你就可以轻描淡写地回应这个问题，引导来访者进入下一个话题。这样他也会在潜意识里认为这件事没那么重要，从而减轻它对来访者的影响。

突破"用自己"：为什么要打破"我"心中的人设

· 陈海贤

关于"用自己"，我们尚未覆盖的一个重要观点是，**心理咨询师要突破心理障碍，打破自己心中的人设**。大多数心理咨询师认为，对待来访者一定要温情接纳、友好和善，他们也会不断在咨询中维持这个人设。这就导致很多心理咨询师没法很好地"用自己"，对来访者的咨询效果也不会有太多帮助。比如，一位高中生打了自己的母亲。在这种情况下，如果心理咨询师继续维持友好温情的人设，就是在鼓励这种现实生活中根本不被允许的行为。

李维榕老师年轻时在米纽庆那里接受督导训练，做过一个家庭治疗。这个家庭里有一个患有唐氏综合征的孩子，名叫比尔。家里每个人都表现得很关心比尔，但这只是粉饰太平，他们其实一点儿也不在乎他的感受。被家人忽视的比尔经常会做诸如拿着自己的粪便在墙上作画的举动。

李维榕老师一开始的治疗方式很温和，比如问比尔的家人，比尔的画像不像一种艺术，让这家人思考比尔在表达什么。但米纽庆看到她的做法后说："你不够有力量，你太想当个好人了。因为你想当个好人，所以你一直在维持温和的场面。"

于是，在之后的咨询中，李维榕老师和这家人一见面，就掏出了事先准备好的绳子，把爸爸、妈妈、哥哥都绑了起来，让他们体会比尔被疾病约束的感受。然后她对这家人说："你们说爱比尔，但你们都在忽略他的感受。比尔告诉我，你们都在排斥他。你们口口声声说的爱，让他十分痛苦。难道你们要用这种浮于表面的爱去瞻仰他的尸体吗？"

她这番激烈的言辞一下子打破了这家人粉饰太平的表象。他们陷入了惊慌，因为被绑住又不得不直面这种惊慌；他们第一次正视了家里有个智力低下的孩子所带来的羞耻感。李维榕老师不仅没有因此放缓语气，反而回应道："今天我想警告你们,别一面表现得很有爱,一面又忽略比尔的感受了。"说完这句话,李维榕老师强忍着内心的难受离开了。在这场激烈的咨询中,比尔的感受第一次得到了家人的正视和讨论。三年后,她对这家人进行了随访,比尔再也没有用粪便在墙上画画了。

一名好的心理咨询师应该有很多面向。他既可以对来访者很温情,也可以表现得很严厉;既可以向来访者表现自己无知的一面,也可以变成来访者值得信赖的专家;既可以倾听来访者,也可以直截了当地指出来访者的所作所为哪里不合适。这些都是心理咨询师根据来访者的不同情况,在咨询关系中呈现出来的面貌。你可以把它们理解为一个心理咨询师的"武器库",当感觉到来访者在这段关系里有什么特定需要的时候,心理咨询师就会抄起对应的装备,帮助来访者改变。

关于"用自己",陈海贤老师分享了很多。如果你觉得理解起来一时有点困难,可以记住以下几个要点:

第一,你在咨询中产生的感受,无论是正面的(温情、尊重等)还是"负面"的(愤怒、抗拒等),都可以在恰当的时候把它们反馈给来访者。

第二,你在"用自己"的过程中,要不断地观察、思考自己和来访者之间的关系模式,并且有意识地调整自己的反应。

第三,你要根据来访者的需要,在咨询里使用自己的不同面向,而不要用特定的某一面去接待所有来访者。

好,现在你已经掌握了"用自己"的方法,你的工作能力又提升了一步。但你不能止步于此——随着你接待的来访者越来越多,你发现不管用什么方法,都难以推动来访者的改变。这种情况在行业里被称为"咨询慢性化",接下来我们就去看看容易产生"咨询慢性化"的几种情况。

个案概念化:找不到咨询方向,怎么办

· 陈海贤

咨询慢性化,很多时候跟心理咨询师个案概念化的能力不够有关。个案概念化是指心理咨询师没有对来访者的问题产生整体的认识,不了解来访者具体的情况,咨询技术也没跟上。为了完成整个概念化过程,心理咨询师要清晰、准确地回答以下三个问题:第一,怎么定义来访者的问题;第二,怎么推进咨询;第三,怎么为咨询找到出路。

第一个问题中的"定义",是指心理咨询师要对来访者的问题有清晰的认识。曾经有一位单亲妈妈带着正处于青春期

的孩子来找我做咨询。当时我想，一位单亲妈妈和正处于青春期的孩子，一般会遇到什么问题？会不会是妈妈没办法放开孩子，让孩子没有生长空间？我带着这样的假设和他们做咨询，探寻困扰他们的烦恼到底是什么。

但在咨询过程中，我意识到自己的假设不成立，因为妈妈一直表示希望孩子快点独立，孩子也说希望早日离开妈妈。我继续观察，发现只要妈妈一说话，孩子就会立马接上，丝毫没有表现出对妈妈的尊重；孩子一开口，妈妈也会马上打断、纠正孩子。这时我才对他们的问题有了清晰的定义——他们对对方的反应系统很敏感，无论一方做什么，另一方总会条件反射式地给出回应，这就形成了他们经常争吵的关系模式。

紧接着我开始思考第二个问题，怎么推进咨询。我当时试着给他们的关系划界限，要求他们在对方讲话时不要马上回应，回应时也要慢慢地说。这样练习几次后，两个人的回应都慢了下来。

在此基础上，我发现了推进咨询的关键信息——这个孩子用"姐"来称呼妈妈，妈妈也接受了孩子的这个叫法，两个人之间没有母子关系中应有的尊敬和恰当的距离。我问他们："怎么会管妈妈叫姐姐呢？"妈妈解释道，孩子长大后，自己每次批评孩子，都会引起很大的纷争。她为了拉近关系，就和孩子打游戏，打着打着就成玩伴了，所以孩子开始叫她"姐"。

这时我就理解了为什么这位妈妈在孩子面前那么没有尊严——妈妈是长辈，而姐姐是同辈，是一起打游戏的玩伴。从孩子的角度看，妈妈都成玩伴了，为什么还要听她的呢？虽然只是称呼上的变化，但母子之间的关系也随之发生了变化。

认识到这点后，我问孩子："你是不是更想要一个姐姐，而不是一个妈妈呢？"孩子回答："我不是不需要妈妈，而是她做不好妈妈，所以我不敢要求她做一个妈妈，我宁可要一个姐姐。"他还给我举了一个例子：赌石的时候，人们会把表面带有一点玉痕的石头切开，看看里面到底是玉，还是石头。把妈妈当姐姐，就像手握一块有玉痕的石头。选择不把它切开，不去管里面到底是玉还是石头，这让他很安心。但如果忍不住把它切开，发现它只是块石头，就会特别失望，他对妈妈的期待也彻底落空了。

听完他打的这个比方后，我问他："你的失望是从哪里来的？"这时我才知道，小时候他妈妈工作很忙，经常不在家。他只能一个人待在锁着门的家里，不断想妈妈什么时候回来。等他长大后，妈妈开始管他了，他就想和她反抗到底。

当咨询推进到这个程度时，我们就要解决第三个问题，为咨询寻找出路。寻找出路，也是心理咨询师选择适当的干预策略的思路。在这个咨询个案中，孩子不听妈妈的话，是因为妈妈曾经让他失望,他无法接受妈妈作为权威存在于自己的生活中;妈妈为了和孩子拉近关系,陪孩子玩游戏,允许孩子把自己当姐姐,也是没有把自己放在妈妈的位置上,导致二人一言不合就开始争吵。所以咨询的出路,是如何把妈妈从"姐姐、玩伴"的角色,重新变回妈妈的角色,是如何处理孩子过去累积的对妈妈的失望,重新接受妈妈作为权威的存在。

这就是一个完整概念化的过程。个案概念化的清晰、完整程度,体现着心理咨询师之间能力的差距。针对上面所举的案例,有的心理咨询师的概念化过程可能会非常粗浅,他们会把所有问题都归咎于孩子和妈妈的沟通,强调双方要加强沟通。如果心理咨询师没有看到人与人关系中更细微的纠结,就有可能让咨询慢性化,无法很好地达到咨询效果。

竞争关系:与来访者陷入权力的斗争,怎么办

· 陈海贤

很多心理咨询师经常会与来访者陷入权力的斗争中,彼此较劲,比谁的想法更对、更好,从而让咨询进入一种胶着状态。这种情况其实可以从两种维度破解,即在理解来访者坚

持某个观点的原因的基础上，坦诚告知自己的想法，与对方一起寻找解决困境的办法。

我之前有个来访者是位妈妈，她已经上大学的孩子对她很没礼貌，经常大吼大叫、呼来喝去的。她知道孩子这样做不对，可又放不下孩子，觉得孩子在方方面面都不能自理。从心理咨询师的角度看，我觉得这不是孩子的问题，而是这位妈妈自己的问题。所以我告诉她："你把太多目光放在孩子身上了，是你自己没有处理好和孩子的边界，默许孩子对你那么不礼貌。"她对此表示强烈反对，驳斥我："这就是孩子的问题，他从小性格就这样。"

这时，如果我再坚持自己的观点，双方就会陷入权力斗争，彼此开始证明谁更有道理。

于是，我转变思路，尝试去探索她总是放不下孩子的原因。这时我才了解到，原来她的孩子曾经威胁她要自杀，甚至到了站在天台准备跳下去的地步。这次"自杀事件"后，她和孩子寸步不离，小心翼翼地对待孩子。这正说明来访者坚持某个观点，背后一定有他自己的理由和亲历的经验。

所以我和这位妈妈说："现在我懂你为什么对孩子那么小心翼翼、从不拒绝孩子了，因为你害怕孩子出事。"这么说就是在把两个人从原本的竞争关系中拽出来，重新走进合作关系。接着我对她说："可是这个害怕把你捆住了。我们现在来想想，怎么让害怕不把我们捆绑得那么紧。"

我和这位妈妈开始评估孩子的自杀风险有多大，孩子的哪些行为是允许的，哪些行为在母子关系里是不被允许的，用什么样的方式可以让孩子接受妈妈的某些要求……

我们要牢记，心理咨询不是劝来访者一定要接受什么，因为来访者肯定更了解他自己的状况。只有和来访者一起合作，才能真正推动咨询进展，打破"慢性化"。

反移情：对来访者产生非理性情感，怎么办

· 张海音

我们通常认为，反移情是心理咨询师对来访者产生咨询之外的情感牵挂。但它更完整的描述，是指心理咨询师对来访者莫名产生了特别喜欢、特别讨厌，或者特别烦躁的非理性情感。它很多时候表现为一个隐隐的想法，不容易被觉察。比如，心理咨询师不自觉地想驳斥来访者几句，虽然这个念头被要尊重来访者的理智给压下去了，但反移情已经在这个过程中发生了。

心理咨询师对来访者产生了反移情后应该怎么办？我认

为首先要做的是评估、印证和澄清。在此之后，可以选择两条不同的路径，其一是处理个人议题，其二是把自己的非理性感受作为咨询素材使用。

评估、印证和澄清是上述两条路径的起点，它们在实际工作中是综合在一起使用的。来看一个具体情境：如果你特别同情一位来访者，担心他咨询回去后还是会被生活琐事所困，很想给他学校的老师打个电话，让老师多多关注他。如果发现自己多次对这位来访者产生这种感觉，你就要和来访者印证，看看这是不是你单方面的想法。

面对来访者，你可以坦诚地把自己的想法摊在桌面上："你在跟别人的相处中，是不是会忍不住表现自己弱小的一面，希望别人多关心你、帮助你？"如果你这么提了几次以后，让来访者产生了"你怎么老把我往那个方向想呢""我不是那个类型的人，我的朋友们也不这样认为"的感觉，你就要选择处理个人议题的路径，继续往下推进。

因为如果来访者或来访者的朋友没有这种感觉，反倒心理咨询师有，那么问题可能不在来访者身上，而在心理咨询师本身——心理咨询师在成长过程中没有妥善解决个人议题，导致误判。所以，心理咨询师应该接受心理咨询，处理个人议题。如果心理咨询师始终不能确认这是不是自己的问题，可以先向同辈小组的同伴或者督导求助，借他人之眼看清自己。

相反，如果心理咨询师的感觉确实是由来访者激发出来的，他在人际交往中确实有向别人示弱的倾向，那就不是心理咨询师单方面给他贴标签了。这时，心理咨询师就要选择"把自己的非理性感受作为咨询的工作素材使用"这条路径走下去。

比如，来访者结束咨询以后，还是忍不住向心理咨询师示弱，让心理咨询师给他更多的关注时，心理咨询师应该保持沉默，让他独立面对问题，自己做决定。来访者一开始可能会表现出不满，但他会逐渐戒掉总是依赖别人的习惯，慢慢发展出自我应对的力量。

心理咨询师在咨询中动态变化的感受，有助于他看清自己未竟的课题，也要求他将不断完善的自我作为咨询的底色和工具，解决来访者的问题。也就是说，心理咨询师在咨询过程中，甚至在咨询以外的时间想到来访者时，都要对自身感受保持觉察。

到这里，你已经掌握了打破"咨询慢性化"的方法，各种类型的咨询你都能够顺利推进。来访者对你的评价越来越高，督导也对你的工作赞赏有加。但如果你想继续提升自己的专业素养，增加自己在行业里的声誉，赢得更多同行的尊重，你就要扛住接下来这几项极端考验。

精进路上，要突破哪些极端考验

深度创伤：特别想拯救来访者，怎么办

·张海音

面对有深度创伤的来访者，心理咨询师的"个人英雄主义"很容易被点燃，渴望把来访者从水深火热中解救出来。当咨询师不自觉这么做时，往往没有基于理性分析和专业判断。如果拯救没能成功，咨询师很容易陷入自我怀疑，甚至导致职业耗竭。

在这种情况下，心理咨询师首先要做的，是自我觉察。假如你的来访者经历过地震灾害，失去了双腿，目睹弟弟惨死在自己面前，而你在咨询过程中，能深刻感受到他失去双腿、失去家人的痛苦，还生出希望他可以重新长出双腿的渴望，你就要意识到，自己正在经历同理心带来的替代性创伤。作为一名专业人士，不能来访者痛苦，你也跟着痛苦；他绝望，你也跟着绝望。当你有这种自我觉察以后，就可以和自己非理性的感受拉开距离。

接下来,你要向来访者反馈你的感受。在他的生活中,肯定有很多人会告诉他要"忘记过去,向前看"。但你没有喊诸如此类的口号,只是坦诚告知你能感受到他的绝望和悲哀,这样他会觉得自己不是一个人在承受这一切。当看到你没有被这些负面情绪压倒,还要继续推进咨询时,很大程度上他也收获了"要为自己的生活做点什么"的信心。

然后你要做好对方可能持续"不肯行动"的心理准备。和其他来访者做咨询,可能经过几个月,他们的状态就会发生显著变化;但和深度创伤的来访者做咨询,即便他嘴上答应得很好,心里也很认可,但可能还是疏于行动。所以你要在后续咨询中理解他为什么不肯行动,并且只要他的行动有一点推进——比如原本他把自己关在屋里不肯出门,现在主动给朋友打了一个电话——你都要给他充分的肯定,让他意识到改变正在发生。这些行为累积到一定程度时,来访者就会意识到,原来深陷绝望时以为许多做不到的事都在逐渐变成现实,他会因此产生一部分自我肯定的力量。

这是一种比较好的状态。但在深度创伤的来访者当中,还有相当一部分是很难走到这一步的。我曾经有位来访者是一辆公交车上的工作人员,目睹了公交车发生车祸的全过程。他做过心理咨询,也去医院看过精神科,可过了很多年还是会做噩梦。后来他选择停止心理咨询,实在难受就去医院开些药吃。在遇到这类个案时，你要像医生接受病人的死亡一样，接受自己的确没有办法解决来访者的问题。

人格障碍：被来访者贬低到焦虑，怎么办
· 张海音

和有人格障碍的来访者做咨询，可能咨询结束后好几天，心理咨询师还一直处于强烈的情感冲击中。这类来访者可能会用激烈的言辞攻击你、用崇拜的口吻赞美你，甚至交替使用二者，让你的情绪像荡秋千一样忽高忽低。你发现自己被这种焦虑感笼罩了好几天，等到他再来咨询、再次攻击你时，你很容易下意识地反击。这样一来，咨询就很难往下推进了。

心理咨询师在面对有人格障碍的来访者时，要遵循一条核心准则——不"见诸行动"，即不用行为或者语言抵抗来访者给你内心带来的冲击感。要认识到，来访者的行为不是冲着你来的，他日常和其他人互动时，可能也在用这种行为模式维护他的自尊。当你有这样的觉察后，他再攻击你时，你就不会轻易被激怒了。

除此之外，接触这类来访者时要牢记两点注意事项。第

一，当他攻击你时，你其实可以反过来利用自己体会到的被贬低的感受来帮助他。

来访者过去可能遭受过这种贬低，他不自觉地把这种感受传递给了你。比如有的人从小很自卑，慢慢发展出了要比别人更强的想法，因此他开始主动攻击别人，想要占据上风；还有的人小时候在被父亲伤害的过程中，逐渐认同了父亲的做法，长大后他可能会通过伤害别人的方式，逃避过去经历的痛苦。

你要让他意识到，他在用一种强势的方式，把内心那个弱小、害怕受伤的自己藏起来，而一个健康、强大的人，在强大的同时也能接纳自己内心中弱小的部分。心理咨询师如果能做到让来访者正视自己弱小的部分，就把咨询往前推进了一大步。

第二，定期接受督导指导。具有人格障碍的来访者是行业里公认的难题，难在他们难以相处、难以改变。难以相处，就是上面提到的，来访者会不断考验你；难以改变，就是我们说的江山易改，本性难移。本性指代的人格从一个人幼年时开始形成，不容易改变。你要在接受他情绪激荡的同时，回溯他的师生关系、同侪关系、父母关系等方方面面，才有可能推动改变。

即便是很有经验的心理咨询师接了人格障碍的个案，也会寻求督导指导，一起面对咨询当中的难点。如果只是自己单枪匹马地处理这类个案，很有可能会卷入来访者的情绪中出不来。当然，因为它非常棘手，行业里也把它看作能够提升功力的个案。在接受督导指导的前提下，经历一到两个有人格障碍的来访者，心理咨询师的能力会得到非常大的提升。

请注意！你还有可能接待精神病性来访者。精神病性问题包括精神分裂、偏执性精神障碍、表现为精神病性症状的抑郁症等。主要症状是患者丧失了对现实、非现实的判断能力，会感觉到有人监控他、陷害他、在暗中控制他，等等。请你务必确认来访者是按照医嘱，在接受药物治疗的情况下来做咨询的。

危机干预：如何调动整个系统为来访者服务
·刘丹

当有人格障碍的来访者，或者精神病性来访者处于某种危机情况，比如在来咨询室之前服用了大剂量的安眠药时，心理咨询师要意识到，接下来的危机干预不是仅凭自己一人之力就能完成的，它需要整个系统的通力合作。

首先你应该立刻停止日常咨询，告知前台这位来访者有生命危险，需要通知他的监护人陪伴就医；如果联系不上监护人，第一时间通知医院。在紧急情况下，可以先通知医院，后通知监护人。而在监护人或者医院急救车到来前，心理咨询师要安排人员陪伴在来访者身边，保证他的安全。

为了保障来访者后续心理咨询的效果，心理咨询师还要派机构的工作人员陪同家属或者跟随急救车一同去往医院，了解医生对来访者的诊断和医嘱，知悉来访者需要住院多久、定期服用哪些药物、什么时候复诊、什么时间可以开始做辅助的心理咨询等关键信息。当来访者可以重新开始接受辅助的心理咨询时，咨询师在常规工作以外，每次都要检查他是不是按医嘱服药、有没有定期复查。

这套危机干预机制就像大楼里的报警铃，一旦出现火灾，按下报警铃，所有的消防系统就会立即做出反应——电梯紧急停止，大楼里开始广播引导所有人进入逃生通道，等等。一旦遇到这种情况，心理咨询师也要暂停手头的工作，第一时间调动咨询机构系统、医院系统、来访者的家庭系统等，通力配合，为危机情况下的来访者提供服务。

危机后续：如何记录危机干预过程

· 刘丹

心理咨询师在调动系统进行危机干预后，如果没有做相关记录，后续容易出现各种问题。比如，来访者再来做咨询时，原先约的心理咨询师没有时间，机构前台给他安排了其他心理咨询师。从咨询师的角度讲，因为没有原先的危机干预记录可以参考，他做的前台评估可能不充分。而从来访者的角度讲，他还有相当高的概率会再次发生危机。所以，记录危机评估和危机干预过程非常有必要。

首先，心理咨询师应该做详细的危机评估。比如来访者说他想自杀，当你问到他最早有自杀想法是什么时候，他说五年前就尝试过自杀。你接着问他，再次有自杀的想法是什么时候，他说一个月前，因为人际冲突，他又有了自杀的想法。他买了刀子、绳子和药，还去准备自杀的地方踩了点。这些想法、时间、地点、原因、计划、行动等都属于重要信息，需要特别详细地记录。

其次，心理咨询师应该记录危机干预过程，也就是来访者发生危机后，心理咨询师是如何保障来访者安全的。比如，为了保证来访者的安全，咨询师安排了人来陪伴来访者，直到他的监护人或者医院120紧急救援赶到，一起送他去医院，并保存来访者在医院的诊断结果、医嘱，等等。

行业里曾经出现过心理咨询师没有做危机干预记录，结果被投诉的情况。这位心理咨询师的来访者只有17岁，当来访者出现轻微的危机状况时，他进行了危机干预，但当时他觉得情况应该不严重，所以没有通知孩子的家长，也没有做任何危机记录，危机干预完成后，就继续给他做咨询了。结果咨询结束一年后，来访者自杀了，来访者的家属找到心理咨询师，说孩子在咨询室里提过自杀的想法，为什么你没有通知我们？当时你做了什么？但没有任何记录可以证明他为孩子做过什么。

我想再次强调，做好危机评估记录，记录危机干预中系统之间如何配合、各自都为来访者做了什么，非常重要。只有这样，才能让系统中的所有人随时通过记录关注来访者的状况，给予来访者恰当的支持。

工作多年后，遭遇职业耗竭怎么办

·张海音

工作几年后，可能有一段时间你不太想接待来访者，想到某些来访者就发怵；怀疑自己的工作价值，觉得自己所做的一切并不能真正解决来访者的问题。除此之外，你的身体好像也没有之前那么好了，思考问题也不如原来那么有深度，甚至看待很多问题经常很极端。你千万不要认为这是正常现象，多休息休息就好了，这可能意味着你陷入了职业耗竭。对工作的抗拒、对工作价值的怀疑、身体的变化，都是提示你正处于职业耗竭的信号。

我自己就经历过这个阶段。当时我的一位来访者自杀了，他是个很年轻的小伙子，只有二十多岁，患有精神分裂症，但意志并不消沉，吃药的同时还非常关注自己的前途。他经常去学校蹭课，听得比很多全日制大学的学生都认真。我看到他时，特别想帮助他，特别希望他好起来，为他的咨询花了很多精力。但我完全没有想到他会自杀。我听到消息的时候特别惊愕，不断想当时要是做了什么，他会不会不这么做？如果我做得再好一点，结果会不会不一样？我开始自我怀疑，自己做的是对的吗？自己工作那么久，所追求的标准和认同是对的吗？从此我就陷入了职业耗竭里。

对于心理咨询这个专业工作，解决职业耗竭也要遵循一套专业的方法。

最常见的是寻求督导帮助。俗话说，督导就是在咨询中吃的苦头比你多的人。他能从更客观，也更宏观的角度，看到你在现在所处的阶段，以及在接下去的阶段会怎样。如果你因为某个个案引发了自己的职业耗竭，他也能从中看出规律，找到你没有注意到的地方。

我当时看到那个年轻人吃着治疗精神分裂症的药，还那么上进时，感觉给他提供心理咨询应该特别有价值。但后来接受督导指导时，才发现自己光注意他内心的自我探索，对他为什么会对别人的感受那么敏感、有那么高的期待花费了特别多的精力，却忽略了他的药物量可能还需要增加一点。这样就借助旁观者的眼睛，看清了自己身处怀疑的迷雾中未能看清的原因。

同辈支持也很重要。同一个地区的心理咨询师，一个月一到两次，或者每周一次，大家约在一起见面，就是为了便于分享工作中的"至暗时刻"。大家轮流发言，等一个人发言完，其他人给他反馈和建议。当然谈话的内容是完全保密的。

在同辈支持中，有的人会分享自己正在操作的棘手个案，有的人会分享让自己压力很大的事件。听别人分享时，心理咨询师会感到自己不是独自在承受工作中累积的压力；某些类型的来访者，不光自己碰到了，其他人也接触过，也感到无可奈何，这时自己心里就会比较释然。在这种同辈支持小组中，心理咨询师会感到被支持、被理解，产生归属感和认同感。

除此之外，还有个人体验，比如心理咨询师或多或少都会有拯救一名来访者的想法，只是有些人的想法很强烈，会倾注所有去这么做；有些人的想法就没那么明显，可以保持在客观范围内。为拯救来访者倾注所有的咨询师，很有可能是没有处理好个人议题。比如，过去在亲人遭受伤害时，他无能为力，后续他在做咨询时产生了强烈的想要拯救来访者的想法。再比如，过去他曾经被别人特别糟糕地对待过，所以现在想通过对别人好来弥补自己曾经的缺失。所以，当心理咨询师发生职业耗竭时，通过个人体验，处理好个人议题也是必不可少的一步。

当然，除了专业的方法外，调整工作节奏，留出余力进行自我关照也很重要。比如当时我就把每天的咨询个案从6个减少到了3个，用了差不多4个月的时间来处理职业耗竭的状况。在休息过程中，除了使用专业的解决办法，还要有意识地做一些能让自己感受到愉悦的事。

值得一提的是,很多有经验的心理咨询师会在年初就定下自己今年的休假时间,提前告知来访者。这样做,在自己得到放松休息的同时,也方便来访者提前安排咨询时间。

如果你在进阶通道上遇到自我耗竭,请记得,它并不可怕。每个人的职业生涯都是跑马拉松,在某些时间节点,身体、心灵需要停下来,借助休息变得更完善充沛。而当你深陷自我怀疑的沼泽时,也要记得,你不是一个人,你的背后还有一群专业的同行,他们会永远在你需要时给予支持。

CHAPTER 4

第四章
高手修养

在这一章节的职业预演里，你将看到高手心理咨询师是如何工作与思考的。

高手心理咨询师通常积累了 3000～5000 小时的咨询时长，也有非常系统的流派训练。而在行业声誉方面，高手心理咨询师可能已经著书立说，受邀参加了很多行业大会、职业论坛，跟后辈分享自己的工作方法等。

我们为你设计了如下内容，来预演高手心理咨询师的工作。

第一块内容更偏向于"术"。它会告诉你高手咨询师具体所做的工作是什么，加深你对"怎么做督导"等问题的理解。

第二块内容则更偏向于"道"。它从家庭、社会、文化、时间四个维度，带你走出原有的咨询框架，让你对来访者的问题有更深层次的思考。

阅读这一章节内容时，请不要给自己特别大的压力，因为你需要做的不再是解决难题，而是收获启发。

高手心理咨询师要做的工作有哪些

督导工作：督导新手咨询师、熟手咨询师有何不同
·刘丹

督导在这一行的重要性，怎么强调都不为过。新手咨询师工作的第一年，甚至前三年的所有工作细节，都要经过督导的把关；每个个案的咨询报告都要由督导经手并且签字。当新手咨询师在咨询中遇到阻碍，督导也要帮他把控风险、处理难题。而当新手咨询师积累足够的经验后，督导通常只需要对个别棘手的个案予以指导，不再过问所有工作细节。当然，这个阶段协助咨询师评估咨询是否有潜在风险（自杀、他杀等风险）和在个案的相关材料上签字的工作，还是会由督导完成。

可以说，督导在指导心理咨询师工作的同时，也在为心理咨询师的工作质量负责。正因如此，督导通常都很严格，导致很多心理咨询师一想到要见督导就双腿发软、浑身紧张。所以，对于督导来说，要格外注意和心理咨询师建立积极的督导关系。不过，在和新手咨询师，以及和有一定经验的心

理咨询师建立督导关系时,侧重点有所不同。

面对新手咨询师时,你不要用自己的标准去衡量他的工作。新手通常缺乏经验,如果用自己的标准去看他的工作,肯定处处都是错。本来刚做咨询已经很紧张了,还要担心被批评,新手咨询师就有可能不自觉地在接受指导时,隐藏他犯的小错误,结果酿成大隐患。另外,新手咨询师可能已经很努力地按照督导的标准开展工作了,但暂时还是没法达到督导的标准。这就像跑步的人都在学习苏炳添,他们拼尽全力也不可能跑到苏炳添那么快,但这不意味着他们努力跑得更快的每一秒是无用的。

新手咨询师的进步特别值得鼓励,但很多督导缺少看见咨询师进步的敏感性,这时要怎么办?有一个很好的工作方式,就是请新手咨询师自己来讲工作中哪里有进步。比如我会让新手咨询师隔一段时间就写出三点自己有成长的地方,这样他就会知道在咨询里这句话说得比之前更好,危机评估也做得更全面了。

而当面对有经验的心理咨询师时,作为督导,你要了解、支持他发展个人风格。心理咨询师的个人风格,就是在基础工作之上,自然而然形成的思考方式、工作方法等。就像一个人的口音、穿衣风格、性格可能千差万别,但都值得尊重。所以,有一定经验的心理咨询师在发展个人风格时,你不能光评价他做得对不对。举个例子，来访者不知道怎么跟人相处，心理咨询师教了他一些人际关系的技巧，如果看到这个个案时，督导回复"你这样做不太合适，你为什么不去了解一下他的原生家庭"，就可能是在片面地看待问题。有经验的心理咨询师这么做，肯定有他的原因和思考，督导要先了解心理咨询师整体的工作方法，再看看能不能从其他角度让他理解这个个案，扩展他解决来访者问题的方式。这样既帮助了有经验的心理咨询师的成长，又尊重了他的个人风格。

行业里对督导的要求非常严格，根据《中国心理学会临床与咨询心理学机构人员和专业人员注册标准（第二版）》，成为督导需要符合下列标准：

1. 遵守《伦理守则》，未因专业伦理问题陷入纠纷，无违法记录；

2. 申请者必须是注册心理师，并经过2名注册督导师推荐，才可申请注册；

3. 从事临床心理治疗或咨询实践不少于1500小时，并提供相关证明；

4. 从事督导实习工作不少于120小时，且在注册督导师督导下实习不少于60小时，并提供相关证明；

5. 曾在提出督导注册申请前5年内，全程参与以培养督导师为目标的继续教育或再培训项目不少于60小时，并在申请前3年内参加临床与咨询心理专业伦理培训累积不少于24小时，并提供相关培训证明；

6. 提出督导师注册申请前，曾参加获得此注册标准认可的高级专业继续教育或再培训项目累计不少于200小时，并提供相关培训证明。

后退一步：思考来访者的变与不变

· 李松蔚

我们反复强调心理咨询师是一个以推进来访者改变为核心的职业。但很多时候，心理咨询师也在思考，来访者是否可以不改变。你可能觉得有点匪夷所思——不推进来访者改变，难道让来访者一直陷在问题、陷在情绪里吗？如果来访者不需要改变，为什么还要来做心理咨询？这些思考听起来没什么错，但它们的理解都过于狭窄了。

之前我有位来访者，她是一个妈妈，说自己脾气不好，总是忍不住对孩子发火，对孩子影响很不好。传统的心理咨询方式会让她管理自己的情绪,通过参加情绪管理课程等方式,解决自己容易发火的问题。但这位妈妈尝试了各种控制情绪的办法后,还是忍不住发火,然后又开始自责。

我当时给她的建议是,如果实在控制不了,也别勉强自己,再对孩子发火时,在桌子上给孩子倒一杯水,和孩子形成一个默契,让孩子知道妈妈发火不是我做错了,而是妈妈自己没有控制好情绪。这样她就不用为了控制情绪而不断经历做不到所产生的自责,同时又降低了发火对孩子带来的影响。

如果来访者的问题真的难以解决,或者解决的代价过大,反而会制造出更多新问题时,我们就要把思考的维度扩大,不再局限于如何帮助来访者改变,而是思考如何帮助他与问题共存。

我很尊敬的一位老师在一次外出讲课时,一位女士向他提问说:"老师,我发现我婆婆跟我公公讲话,必须得讲三遍我公公才能听见,现在我老公也是这样。但这还不是最严重的,最严重的是,我5岁的儿子也这样。"接着这位女士就开始请教:"我公公和我老公年纪都不小了,估计已经改变不了了,但是我儿子还小,有没有什么办法可以改变我儿子?"

听到女士这么说,可能大部分心理咨询师会分析说你们家互动模式有问题,你们家的女性估计都很强势,所以男人用听不见你们说话的方式来防御你们。这是常规的心理咨询师对这位女士问题的思考。但这位老师像开玩笑一样笑着对这位女士说:"我想先告诉你一个坏消息,如果你的孩子已经5岁,想改变就太晚了,这已经成为他的一个特点了。"这位女士都惊住了,赶紧问:"那怎么办?"老师回答他:"接下来我要告诉你一个好消息,你公公会找到你婆婆,你老公会找到你,我相信你儿子将来也一定会找到一个愿意把一句话对他说三遍的女人。"

这是堪称大师级别的回应,因为这位心理咨询师从一个更宽广的维度上来看待这位女士的情况,而不是单纯地把它当作一个问题来处理。相反,如果死磕这个问题,反而要付出更大的代价。所以他用非常轻松的方式让这位女士明白,这是他们家一个独特的传统,也是他们相互表达关心的方式,这位妈妈因此不再为这件事情焦虑,把它当作非解决不可的问题了。

类似的思考在生活中也是通行的。比如在新冠疫情刚出现时,我们的设想是把它完全消灭掉,就像过去我们消灭"非典"一样,让我们的生活回归常态。但后来我们发现,它暂时不能完全被消灭,而我们也不可能长时间地停工、停产。所以我们开始思考如何与其共存,让疫情尽可能小地影响社会生活的正常运转。不因问题而阻行,在咨询里,也是一样的道理。

助人自助:放下"拐杖",同样有价值

·李松蔚

很多优秀的心理咨询师都会为来访者赋能,但它不是一味地鼓励来访者,告诉对方"你很优秀""没有什么需要担心的"之类的话。曾经有位妈妈和孩子关系不好,带着孩子去做心理咨询。结果心理咨询师和孩子互动时,孩子表现非常好。心理咨询师为了缓解妈妈的焦虑,对她说:"你看你孩子很好啊,没有任何问题。"这位妈妈听到这句话后反而更加焦虑了,她觉得孩子和别人关系好,和自己关系不好,一定是自己出了什么问题。

还有一个类似的案例:有位心理咨询师接待了一个已经做过十年咨询的来访者,来访者第一次见面就向他倾诉:做了十年咨询,他仍然觉得自己是个没用的人。细问才知道,原来以前的心理咨询师太希望他好了,反过来他也不敢让心理咨询师失望,在咨询里不敢把心里那些不好的想法表达出来。

这两个案例都在告诉我们,不能从字面上理解心理咨询师对来访者的赋能,而是要引导来访者,用他自己的力量、资源去帮助自己。

家庭治疗大师,畅销书《热锅上的家庭》的著者之一卡尔·惠特克接待过一对已经做过很多次咨询,却仍然没有改变吵架习惯的夫妻来访者。有一次在咨询室里,他们又开始吵架,惠特克尝试了几次干预,但都插不进去话。结果他举起双手大声说:"我投降,我没法帮助你们,你们去前台退费吧。"说罢他就从座位上站起来,转身离开了咨询室。

惠特克通过拒绝,让这对夫妻意识到,他作为心理咨询师已经没有什么法子了,你们的问题得依靠你们自己解决。这对夫妻当时受到了极大的震撼,他们心想:"那么厉害的心理咨询师都帮不了我们,我们这段婚姻要怎么办,难道真的要离婚吗?"这是他们的婚姻出现问题以来,第一次自己主动面对问题。过了一段时间,这对夫妻又重新和惠特克预约了咨询:"我们要把上次咨询的费用补交,因为那是对我们最有帮助的一次。"

通过拒绝,让来访者在困境中用自己的力量解决问题——这种赋能方式的确要比一味鼓励来访者来得更复杂。所以,心理咨询大师米纽庆发明了一个方法,叫"心理咨询师有时候要盯着自己的脚尖"。拒绝来访者的请求时,心理咨师可以低头盯着自己的鞋尖，避开来访者期待的目光。这样来访者就会知道，他指望不上心理咨询师了，只能指望自己。

心理咨询好比一根拐杖，在来访者痛苦、有困难的时候，他可以依靠这根拐杖走一段路。但如果这根拐杖太好用了，反而导致来访者无法独立行走时，心理咨询师就要想办法让来访者放下拐杖。当来访者真正丢掉拐杖，有力量面对自己的生活时，他同样能体会到心理咨询的价值。

李松蔚老师曾说过："虽然我们（心理咨询师）只需要面对一名来访者，但我们的眼睛要看到他之外更多人事物的存在。"

"更多人事物的存在"是指要看到一个人背后的家庭、身处的社会、所吸纳的文化，以及他在时间长河中所处的位置、所经历的变化，从而更全面地理解眼前的来访者。

接下来，我们会从家庭、社会、文化、时间这几个维度，更深入、更全面地理解心理咨询工作。

高手心理咨询师会使用哪些视角看待问题

家庭视角：看见个体问题背后的作用力

·李松蔚

曾有人把英国玄学派诗人约翰·多恩的诗句"没有人是一座孤岛"戏仿成了"每个人都是一座孤岛"，这句话里有一丝每个人都是在独自面对生活、独自运转的意味。很多人觉得，自己的问题解决好了，就能变得更有力量、更幸福。但事实真的如此吗？

心理咨询师萨提亚有过这样的经历——她接待了一位罹患抑郁症的年轻女士，这位女士经过咨询后，整个人变得更有自信，也更独立了。这看起来是一次非常成功的咨询，但没想到，有一天萨提亚竟然接到了投诉电话，并且还是这位女士的母亲打来的。母亲在电话里控诉："为什么我的女儿在你这里咨询一段时间后，她的状况变得越来越糟糕了？她以前只是抑郁，整个人还比较温顺、听话；可是现在她竟然会对我发脾气，还想离开我。我觉得她一点儿都没变好，反而变得更糟糕了。"

其实不是她女儿变得更糟糕了,而是由于女儿状态的变化,这位母亲自己的生活变得更糟了——她感觉女儿在挣脱她。

这时,如果萨提亚认为"独立是来访者自己的事,是咨询发挥效果的表现,跟她母亲没什么关系",那么这对母女之间必有一战。因为在女儿和母亲"切割"的过程中,她的母亲会非常痛苦,甚至可能以死相逼。在这种情况下,女儿还有可能在外面独立生活吗?所以萨提亚决定,请这位母亲一起做咨询。她认为,如果要真正帮助这位来访者,只帮助她一个人是不够的,她背后的家庭也要一起接受咨询。正因为如此,家庭治疗应运而生,萨提亚也成为家庭治疗的创始人。

通过这件事,萨提亚看见了个体问题背后的家庭。但这不只是做家庭治疗的心理咨询师才需要具备的视角。无论做个人咨询还是团体咨询,都要从这个视角接待来访者。

我自己在任何情况下,都会使用家庭视角。比如面对一个抑郁症来访者,我会问他:"抑郁的时候有人照顾你吗?你没法工作了,可以心安理得地在家里休息吗?你的家人会责怪你生病吗?"之所以问这些问题,是因为困扰大多数抑郁症来访者的问题,往往不是因他自己而起的,而是他和家庭成员之间有摩擦和碰撞。

还有同性恋群体，这在心理学诊断层面根本不是问题，但很多人会因此而痛苦——害怕家人不接纳自己的性取向。我曾经有位来访者，他从小对父母的要求有求必应，而现在父母希望他结婚生子，让他们抱上孙子。他不想遵从父母的意愿，但又不能向父母出柜；因为他感觉一旦这么做，父母就会被打垮，他会成为辜负父母期待的罪人。

我认为，即便不能邀请他父母一起来做咨询，也要通过家庭视角，看到他个体痛苦之外的隐因。当时我了解了这位来访者到目前为止，都用了哪些方法来维持自己在父母心中那个有求必应的形象，然后请他试想一下，如果自己在父母心中的形象破灭了，可能会发生什么。我用这些方法来降低日夜折磨他的罪恶感，帮助他从痛苦中抽离出来。

这种情况在未成年人身上体现得更明显。在一个对孩子学习成绩执念特别强的家庭里，只要孩子玩游戏、看手机，父母都会特别紧张，对孩子非常严厉。结果是孩子处处想反抗父母，和父母形成了对抗关系。比如睡觉这样的小事，父母提醒几句"早点睡觉，不然明天上课准打瞌睡"，原本已经很困、打算睡觉的孩子却说自己精神着呢。这就不是孩子叛逆的问题了，而是家庭对"孩子各方面都要表现优异"的执念的问题。

还是回到文章一开始多恩的诗句，"没有人是一座孤岛"，我们在家庭中感受到最初的温暖，也带着家庭给予的隐形的内在困境。这背后的关系，正是家庭视角可以看清的。

社会视角：将目光投向人所处的社会环境

· 李松蔚

在和来访者做咨询时，我们经常会"掉进"来访者日常的经历、情绪等细节里。但很多时候我们应该思考，当我们从一个更大的角度看待问题时，它还成立吗？

一个正在念小学的孩子有读写障碍，写字非常慢，慢到连一张试卷都没法在考试规定时间内写完，成绩差得一塌糊涂。但是孩子的智力没有问题，他做图形类题目非常快，平常还喜欢自己做点小手工，搞点小创意。孩子的家长很着急，就算智力没问题，试卷写不完，还是升不了学啊。所以家长就带着孩子找到一位著名的德国心理咨询师，希望通过咨询解决孩子的问题。

心理咨询师听完后说："在德国，针对这样有特殊天赋的孩子，有专门的特殊教育机构，他们可以去学习工程或设计，经过专门的学习后，他们未来可以去奔驰、西门子这样的企业做工程师、设计师，也可以拥有丰厚的薪酬和体面的生活。"接着他问："中国有没有这样的学校？"

父母面露难色，以孩子目前的状况，可以勉强读完初中，但估计中考分数不够上高中，只能去职高。如果孩子在职高念书，以后很多公司在简历这一关就会把他刷掉。

心理咨询师了解了这些情况后说："孩子先天偏好使用图形思考，这是他天生自带的特点，孩子本身没有任何问题，也不需要改变。你们现在的任务不是给他做心理咨询，而是为他找到适合的学校，让他有合适的环境发展自己。"

这位咨询师就是在切换视角，从更大的社会视角来看待孩子读写障碍这个微观问题。在这个视角之下，孩子本身没有任何问题，问题在于社会资源暂时无法与孩子（或者这个家庭的需求）匹配。

使用社会视角，不是要求心理咨询师去改造社会现状，而是为了帮助来访者更好地理解自己的问题。这样来访者在面对自己的问题时，一方面，可以有更多的接纳、更多的释然；另一方面，能够发挥主观能动性，自己努力去做点什么，调整自己的状态来适应社会，或者寻找有利于自己的环境。

我的女儿因为没有到公立幼儿园的入园年龄，上的是一所家庭幼儿园。这所幼儿园的一层有一个用篱笆围起来的小院子，但篱笆很矮，外人可以轻而易举地把孩子抱起来带走。

为此，幼儿园给孩子们做了很多安全教育，比如不要和陌生人讲话，也不要跟陌生人走。为了测试安全教育的效果，幼儿园还安排了一位家长的亲戚来扮演把孩子带走的坏叔叔，老师们在暗中观察，看看哪些孩子会被带走。结果我的女儿就是被带走的孩子之一。当时老师就在家庭群里说，被带走的孩子的家长注意，回家之后要对孩子进行安全教育。

那天我去接女儿回家时，女儿因为在学校受到了批评教育，情绪明显不太好。在路上，我和她说："你想和陌生人说话，想和别人玩，这是你的天性，没有任何问题，你没有做错事。"她虽然小，但听懂了这句话，睁大眼睛望着我。我接着说："那是谁做错了呢？是那个坏人做错了。他们利用小孩子的好奇心去做坏事。"这句话似乎给了她安慰，她问我："为什么警察叔叔不去抓这些坏人呢？"我回答她："警察叔叔没有办法提前知道谁是坏人，把他关进监牢里。只能是坏人把孩子抓走后，大家才知道他是坏人。可那个时候，我们已经找不到被坏人带走的小孩子了。"

我其实也是在通过社会视角，让她明白自己没有错，只是因为我们大人目前没有办法很好地保护小朋友，这样她就会明白社会现状是什么。后来她告诉我："那我得自己保护好自己。"

我想，在心理咨询中引入社会视角的意义，就是帮来访者化解个体和社会发展中暂时不平等、不匹配所产生的种种矛盾,从而更好地发展出他的个性。

文化视角:看见不同文化给人带来的潜在冲突

· 李松蔚

很多找我做咨询的来访者都问过一个问题:"我是不是有社交障碍?"因为他们有类似于"下了班同事约着出去玩,觉得人多不自在,不想去,更想在家里宅着"的情况。我一般会跟他们开玩笑说:"你的主要问题是没有生活在芬兰,那边的文化是人与人之间尽量保持最远的距离,各自把自己的事情搞好了就行。如果你是芬兰人,你会觉得非常舒服,觉得自己没有任何问题。"[1]

这其实就是在心理咨询过程中引入文化视角来看待来访者的问题。事实上,很多来访者的"问题",只是他自身的特点与主流文化,或者某个圈子特定的文化环境有摩擦而已。

不同国家、不同地区,甚至不同组织都有自己的文化,这

---

1. 你可以在漫画集《芬兰人的噩梦:另类芬兰社交指南》中进一步了解"社恐"芬兰人的自我拉扯和那些可能让你会心一笑的日常小困境。

些文化交织在一起，形成了错综复杂的局面。这给心理咨询师的日常工作带来了至少两点要求。第一，功夫在诗外，你必须有大量的社会学、人类学知识的累积；第二，你要了解清楚来访者所处的文化背景，有意识地问自己："如果从文化视角看来访者的问题，会有什么不同？""如果从文化视角回应来访者的问题，可以怎样推动来访者目前处境的变化？"如果不能很好地完成这两点要求，就会在咨询中遇到很多意想不到的情况。

我有一位女性来访者，她有了孩子之后，家里人觉得应该由她来照顾孩子，就让她辞去工作，在家做全职妈妈。但除了照顾孩子，她还要照顾公婆、先生，所以她的情绪有一点抑郁，总是生病，不得不经常去医院看病。如果从表面上看，你可能觉得她只是照顾家人太疲倦了；可是如果代入文化视角，你就会发现，这位女性有了孩子之后，失去了自己的工作，失去了原先与社会网络的连接；她是孩子的妈妈，是丈夫的妻子，是公婆的儿媳，唯独不是她自己了。

我问她："家里人是怎么看待你的付出的？"她回答："整个家庭的责任都在她身上，如果老人没照顾好，孩子成绩不好，老公和家里其他人都会觉得是她的责任，她一刻都不敢松懈。"这时我才知道她得的其实是心理学上的"癔症"，因为她没有办法说："我不想伺候你们了，我想拥有自己的工作、自己的生活。"她就利用身体问题，暂时逃离家庭，这样她才可以有一点自己的时间，不做别人的妈妈、妻子、儿媳。

我建议她："你的身体不舒服这件事不是问题，反而是在帮你，因为这样你就有机会出门走走。所以下次你身体再不舒服，去医院检查完后，你可以去做点想做的事，犒劳一下自己。因为这是你的权利，你有权利给自己一个空间，享受你真正想要的生活。"

心理咨询师要对来访者身处一个怎样的文化环境保持敏感，并探寻在这种文化中可能会得到什么样的好处，以及遭遇什么样的冲突，把它们跟来访者的心理问题联系起来。

再举一个例子：曾经有一位医学各项指标正常，却没有办法和妻子过正常性生活的男性找我做咨询。我问他："你们之前的性生活是正常的吗？"他回答："之前妻子身体不好没法怀孕，一直在调理，那时性生活是正常的。"我接着问他："什么时候开始不正常的呢？"他告诉我，等到妻子调理好身体，两个人可以要孩子后，反而性生活不正常了。

听到他的回答，我就调转了提问的方向，从文化视角切入，问他家人对他要孩子这事是什么看法。他说他父亲特别着急，甚至跟他讲："如果跟这个人不行，你离婚换个人都行。"在父亲所代表的"传宗接代"的传统文化下，他必须有孩子，才代表他的婚姻、家庭是正常的。但他不敢和妻子，更不敢和父亲说，当爸爸的责任太重了，自己还没有准备好，所以身体就成了他的避风港，他在利用身体的问题表达反抗："我现在身体不允许，我得先调理身体，所以你们别急。"

一名优秀的心理咨询师会广泛了解不同年龄段、不同阶层、不同地域的人的生活现状，他们受到了什么文化影响，不同阶段他们的文化发生了什么变化，最近几十年比较鲜明的文化特点是什么……否则，不管是大量阅读心理学著作，还是熟练掌握心理咨询的操作流程，都很难理解文化环境对于来访者的影响，也很难判断自己的咨询方式到底适用于怎样的文化。

时间视角：让来访者与生命自然的变化共舞

·李松蔚

当来访者感觉生活状态不好，选择做心理咨询时，大多在隐隐期待心理咨询师可以帮助自己回到以前的状态。比如孩子到了青春期，什么都想和父母反着来，闹得不可开交。父母带着孩子来做咨询，希望咨询师把孩子变回以前听话的样子。但这种期待不仅不切实际，还忽略了一个特别重要的变量——时间，永不停歇、时刻都在对人发生作用的时间。

已经有深度累积的心理咨询师，面对这种情况，不会一上来就想着解决孩子不听话的问题，而是着眼于孩子目前所处的成长阶段，帮助来访者"看见时间"。

这里面分为两个方面。第一，心理咨询师要看到来访者的过去和将来，给他更精准的回应。比如来访者说孩子之前很听话，但到了青春期之后特别叛逆，老师三天两头让请家长，弄得家长特别崩溃。我就会告诉来访者："青春期的孩子会用一些极端的方式证明自己是一个独立、有能力的人。现在他拿你们当假想敌，就像小狮子拥有探索丛林的能力前，总是会把自己的爪子伸向父母一样。这个阶段会帮助他思考什么是独立，怎样成为一个有能力的人。十年后，当他颠覆传统，在自己的领域开拓创新时，他的很多动力和经验都源于健康地度过了青春期，这是他生命发展必经的过程。"这样来访者就会着眼于孩子完整的成长阶段，从而更好地理解孩子目前的情况。

第二，心理咨询师要结合时间视角，说服来访者发生改变。我通常会给来访者举一个去医院开药的例子——医生有时会这样告诉找他开药、希望解决身体问题的患者："不是我开药不开药的问题，而是你已经人到中年了，血脂高了，身体也肯定不比二十多岁的时候了。现在你要做的，是增加运动量，吃东西的时候有节制，调整自己的生活方式。"这就是让来访者正视时间变量的作用，根据自己的现状调整目标和行为。

一个残酷的现实是，没有人能回到过去，也没有人能永远保持在同一个状态。心理咨询师可以做的，是让来访者通过时间视角看清自己所处的生命阶段，协助他们做出改变。同时，时间这个更纵深的视角，要求心理咨询师不管是在职业上还是人生阅历上，都要具备独立于世事的风度和对生命理解的厚度，能看到一个人几年后、十年后，乃至几十年后可能所处的状态。这并不容易，但它会很好地提醒心理咨询师和来访者，生命的本质就是变化。一个人活力满满地迎接不同阶段的改变，就是在与生命的本质共舞。

CHAPTER 5

第五章
行业大神

我能做心理咨询师吗

看到"行业大神"几个字,你会不会觉得自己眼前挂满了影响行业发展的大神的肖像?

实验心理学家赫尔曼·艾宾浩斯说:"心理学有着长久的过去,但是却只有很短的历史。"早在亚里士多德、柏拉图的时代,人们就开始研究心理学。直到一百多年前,这些研究才发展成为规范的学科。而这短短一百多年出现的各位大神,其实就相当于站在巨人肩膀上的人。

他们从过去上千年对心理活动、行为规律的探究中汲取精华,与当下时代的心理问题相结合,不断地加深对"人"的理解,发展出了我们现在所看到的心理咨询。

在这个章节,我们将和你分享四位对受访心理咨询师产生深刻影响的大神。

萨尔瓦多·米纽庆:结构派家庭治疗创始人,享誉国际的家庭治疗大师。

弗里茨·西蒙:突破传统心理咨询的框架,揭示"我"和"我们(家庭)"、"我"和"世界"之间的运作规律。

李维榕:米纽庆唯一的华人入室弟子,纽约家庭研究会家庭治疗教授,香港大学家庭研究院总监,多位知名心理咨询师的督导老师。

欧文·亚隆：团体治疗（咨询）大师，国际精神医学大师，美国斯坦福大学精神病学终身荣誉教授，存在主义心理治疗法三大大师之一。

相信曾经点亮受访心理咨询师的大神，也能在某个瞬间给你带来启发。

萨尔瓦多·米纽庆：做正确的事，就是有所为有所不为

·李松蔚

我们都知道应该"有所为有所不为"，这句话说起来很容易，但在咨询中，总有太多阻力阻止你做正确的事。这时，我就会想起米纽庆。

米纽庆1921年出生于阿根廷，那个年代的南美大陆充斥着战争、贫穷和各类暴力事件。他年轻时因为参加学生运动被捕入狱，人到中年才开始学习心理学，接受心理咨询的训练，成为儿童精神科医生。之后米纽庆把毕生精力都用在心理学、心理咨询，特别是底层阶级的心理咨询上。他在以色列帮助在二战犹太人大屠杀中流离失所的儿童。晚年他还以1美元的年薪，作为美国纽约警察局的顾问，协助纽约的医疗系统进行改革。

可以说，米纽庆是我见过的最有力量的人。若要用一个武侠人物形容他的话，我觉得是洪七公，他使用刚猛无比的

降龙十八掌，三拳两脚就能掀起惊涛骇浪，改变来访者的症状，充满了强健的力量之美。

和那些别人眼中的"不良少年"做咨询时，他会要求这些青少年去跟自己的妈妈说："我不是个混蛋，我不是个杀人犯。你们所有人都把我当作混蛋来对待，但我不是。"少年难过地说："我说了也没用，她不会相信我，还是会继续用对待混蛋的方式来对待我。"可能很多人听到这么丧气的话，就干脆算了，他自己不想改变，别人怎么能帮助他改变呢？米纽庆却督促道："你已经是个青少年了，这是你的责任，你必须想办法说服她，你不是个混蛋。"受到他的鼓舞，被贴满了混蛋标签的少年，走进了那个厌恶、贬低他的家中，对妈妈讲出了那句话。当他有勇气讲出那句话时，他的问题已经在潜移默化地发生改变了。

李维榕老师是米纽庆唯一的华人弟子，她会定期到美国接受米纽庆的督导。有一次，李维榕老师做了一个北美的个案，其他人都觉得她能做成这样已经很不错了，只有米纽庆说："你们这些人表扬她，说她做得好，是因为你们潜意识里觉得她作为一个亚裔，作为一个华人，能做成这样就够了，归根结底你们还是认为她不行。但我不这么认为。我认为她可以做得更好，我不会满足于她只做成这样，我要给她提更高的要求。所以现在，我要批评她，批评她做得不好的地方。我批评她的原因，是我认为她还有更大的潜能。"

这就是米纽庆的风格，不管外界有什么反馈，有多少潜在的阻力，他都会做他认可的正确的事，推进对方往更好的方向走。他的出招不仅在于形式上做了什么，还在于他选择不做什么。

米纽庆第一次来中国做公开的心理咨询演示时，已经80多岁了，是世界公认的家庭治疗第一人。当时所有人都坐在台下等待他展示大师的风采与技术，但请米纽庆咨询的案例触及了他始终未与外人言的思考，他站起来，面对着台下那么多人，面对着整个世界对他的期待，说："这个案例超出了我的能力，我做不到。"

2017年，我参加了一个有500人参与的心理咨询大会。大会邀请演员扮演真实个案中的角色，由几位心理咨询师在舞台上进行咨询演示，让大家知道心理咨询师是如何处理创伤的。

当时使用的是一位童年遭受家庭教师性侵的女士的个案，这位女士成年后，因为父母和哥哥希望她结婚，给她物色了一个结婚对象，她也听从安排，和这位男士结了婚。但性侵经历导致丈夫一碰她，她就会有强烈的身体反抗，所以婚后从来没有和丈夫发生过性关系。全家都很着急，让她来做心理咨询。

看起来这是一个经过创伤治疗，就能获得圆满婚姻生活的故事。但我在心里打了个问号:"真的吗,来访者真的有这个意愿吗?"我看着台上饰演来访者真实状况的演员,不断地闪躲、回避,这更加深了我的疑惑。轮到我上台时,我问她:"你想怎么用这次的时间?资料上面说的是处理创伤。"她说:"随便。"

我停顿了一会儿,接着问:"把你介绍过来的心理咨询师,他和你家人的想法一样,想治疗你的创伤。但我更想知道,你自己的想法是什么呢?"她的语气有点不耐烦:"我的想法就是随便。"我追问:"随便的意思是,你想谈那件事,还是其实你不想谈,只是因为你的家人、心理咨询师要你谈,你才不得不谈。"她的眼神开始闪躲:"我不知道。"

当下我做了一个决定,不是做创伤治疗,而是询问她:"如果这个治疗真的能帮到你,你的生活真的能够变成你想要的生活,那么,你是真的想把创伤治疗好吗?"

我这么问的原因,是从资料和她的反应来看,她的生活写满了"被安排、指责、操纵"。她被性侵,被父母、哥哥安排结婚,被家人、丈夫以及所有可怜和指责她不能有性生活的人推着来做心理咨询。这样她就可以和那个家人安排给她的丈夫拥有符合所有人期待与认可的、所谓圆满的婚姻生活。她被安排了所有,但没有一个人问过她:"这是你想要的吗?"

我问她:"想象一下,如果创伤治好了,你现在是健康的,但你不一定非得跟你丈夫发生关系,你会怎么选择?是接受你丈夫,还是拒绝他?"

她不愿意回答这个问题。面对台下坐着的 500 个等待我演示什么是创伤治疗,议论纷纷、窃窃私语的人,我一直等待着,等待她给我一个明确的答复。

她的头埋得很低、很低,用几乎听不见的声音说:"我不爱我的丈夫,也不想和他有性生活。如果可以的话,我想养只猫,一个人生活。这就是我现阶段想要的。"

"所以,哪怕你已经被治疗好了,你仍然不想和这个男人有性关系?"

"是的。"她回答。

"如果这样的话,创伤虽然很痛苦,但它目前可能是保护你的盾牌,当你丈夫想要和你发生性关系时,你可以说自己的身体不行。把创伤治疗好了,就相当于把保护你的盾牌拿掉了,你的丈夫就有理由和你发生性关系了,但这不是你想要的,所以我感觉目前阶段的心理咨询并没有真正在帮你。"接着我和场下的人说:"我不能做这个创伤治疗,我可以承认这个治疗是失败的。"当时很多人都在台下唏嘘。但我就是想让大家知道,在这个创伤场景里,不应该做心理咨询。如果心理咨询"成功"了,她的丈夫,这个她并不爱的男人就可以顺理成章地和她发生性关系。在这个意义上，心理咨询师参与了对她的第二次性侵，成了第二次性侵的帮凶。

对场下的人说的那些话，每个字我都说得很艰难，我差点儿就被那么多人会如何评价我的恐惧淹没。但在那个时候，我脑海中出现的就是米纽庆的形象，我在心底问："如果是米纽庆，他会怎么做？"我相信他会选择做正确的事。而我心里一直认可的正确的咨询目标，不是不由分说地治好来访者，而是让对方重新获得为自己做主的自由。最终我选择坚持自己的立场。

2017年10月的一个上午，米纽庆在美国与世长辞。我当时写下这样一段话："在他一生惠及了成千上万个家庭的工作之中，总有一些只鳞片爪搅动了我的生命体验。米纽庆老师在天堂安息，他的精神和思想将在人间永存。"我知道终其一生，我都无法成为他，但他一直影响着我，同时也影响着这条路上的其他同行者。

弗里茨·西蒙：享受思维乐趣的"风清扬"

·李松蔚

如果要用武侠小说里的一个人物来形容心理咨询师弗里茨·西蒙，我觉得应该是风清扬。风清扬常年匿居在华山的思过崖中，很少涉足江湖之争。他使用的招式叫独孤九剑，看起来没有力量，但一招一式的背后，充满了他常年在独思中获得的智慧与趣味。西蒙也是如此，他对很多司空见惯的事都持有怀疑态度，咨询时他用得最多的技术是"循环提问"。

循环提问是通过向家庭中不同成员提问，探究他们彼此观点的差异，从而揭示家庭的关系模式。他使用循环提问时，非常像风清扬的独孤九剑，出其不意地戳一下这里，点一下那里，把对方的招数（规律）摸透，然后一招刺到对方的关键点上，让人措手不及，却又产生了很多神奇的效果。

曾有一个家庭来找他做咨询，一家人身体都不太好，女儿莫妮卡还经常摔东西，做出一些不可理喻的事。西蒙问他们："莫妮卡现在长大了，正准备离开家独立生活，如果你们想把女儿留在家里，留在身边，你们会怎么做？"

妈妈先回答："如果是爸爸想这么做，他可能会对莫妮卡说请你留下，你不要出去，就待在家里。"西蒙表示反对："我觉得这么做可能没用。在她这个年龄，你们这么干的话，她反而会强烈反抗。"妈妈回应："如果莫妮卡这么反抗，可能爸爸就会说自己生病了，因为爸爸生病了，莫妮卡就会想要留下来照顾爸爸。如果她在爸爸生病的情况下还出去做自己的事，那她就是个没良心的人。"

听见妈妈这么说，爸爸坐不住了，马上把话接过去："其实妈妈也在干同样的事，和莫妮卡说自己身体不好，让她不要出去。"

这样就非常清楚了，爸爸妈妈有可能是在用身体不好的方式控制女儿。西蒙接着说道："莫妮卡是个很有责任感的孩子，你们说身体不好，激发了她的责任感，让她不得不牺牲自己的利益，来维护这个家庭。"

但爸爸不是很认可西蒙的观点，反驳道："莫妮卡自己也有病，不光是我们的原因。"

西蒙听见他这么说，耸了耸肩："如果莫妮卡也用生病来摆脱你们对她的控制，那这恰恰是一个无懈可击的精明做法。这样她就不用再背负因为离开你们，去做自己的事情而产生的内疚感了。"咨询到了这里，这个家庭的模式已经清晰可见了。很多心理咨询师用的干预手段，是让父母改变自己的行为，不要再用身体为借口来控制自己的孩子，但西蒙给了一个非常出其不意的干预方法——他要求这对父母在接下来一个月里，除了自己真的身体不舒服外，在他们觉得莫妮卡忽略他们的时候，也要主动和她说自己身体不舒服，通过身体不舒服的方式限制莫妮卡的行为。同时他要求一同来做咨询的莫妮卡，当父母说自己身体不舒服时，要判断他们什么时候是真的，什么时候是装的。

接下来一个月里，这对父母再也没有和女儿说过自己身体不舒服；即便身体真的不舒服，他们也没有说出来，因为他们担心说出来会被女儿当作是假的。当父母不再用自己身体不舒服来激发女儿的内疚感，从而控制女儿时，女儿再也没有生过一次病，也再没有做过那些不可理喻的行为，因为她不再需要用不可理喻的行为来争取自己的自由了。她和朋友们报了舞蹈班，很自在地发展自己的爱好。

这就是西蒙的风格，他不是铆足了劲去干预来访者，而是在看清楚几位来访者之间的互动规则后，用很轻巧的方式点到关键点上。在这背后，是他对人和人关系互动深度的观察和思考。这也是西蒙强烈吸引我的地方，从他身上我充分感受到，心理咨询不单是一门需要用心做的专业技术，里面还有着非常多的思维乐趣。

为了有更多的时间探索人和人的互动关系，西蒙后来每年只给宝马、西门子这样的大企业做几次董事会的咨询，其余时间他都在书写记录自己的思考。因为他写的内容晦涩难懂，要顺利出版销售并不容易，所以他干脆买了一个出版社，专门出版自己的书。有的书卖得不错，也有不少滞销书，他倒也不在乎，一本接一本地写，一本接一本地出版，《我的精神病、我的自行车和我》《循环提问》等都是他的作品。西蒙就像避居于思过崖中的风清扬一样，独自发掘着世间的无限乐趣。

李维榕：不把人留在"无望"和"无明"里

· 陈海贤

我跟着李维榕老师学习有七八年了，从她身上我深刻体会到一点：心理咨询师的责任，是不把人留在"无望"和"无明"里。不让人无望，就是不让人处于没有希望的状态，哪怕咨询结束，也要在对方可以看见希望的情况下结束；不让人无明，就是只要有益于他人成长的行为，就一定会去做。

有一次，我们进行教学个案[1]，是一位妈妈带着有强迫症的女儿来做咨询。开始咨询后，我们发现妈妈身上带着强烈的情绪和敌意，孩子相较之下非常无助。咨询进行到一半时，这位妈妈突然站起来说："我不做这个咨询了。"李维榕老师问她为什么不做了，这位妈妈也不讲理由。在来访者坚持这么做的情况下，心理咨询师通常就直接让他们走了，但李维

---

1. 有经验的心理咨询师做咨询时，自己的学生旁观摩学习的个案。教学个案要提前和来访者沟通，收费也要低于正常咨询。参与教学个案的心理咨询师同样需要遵守相关的咨询设置，签订保密协议。

榕老师当时说："不行，必须要做。可以不让学生观摩，不收费，也要继续做。"在老师的坚持下，这对母女又重新开始做咨询。

后来我才知道李维榕老师这么做的原因——如果就这样让他们回去，对孩子来说是二次伤害。孩子妈妈中止咨询，就相当于孩子再次被妈妈控制了，对于要做什么、不要做什么完全没有发言权，孩子会陷入更深的无助当中。所以无论如何，也要坚持完成咨询，不把人留在"无望"里。

每个月有几天时间，我和同学都会聚在一起，接受李维榕老师的督导。督导的过程一般是我们提供咨询的录像或者录音的片段，她根据这些咨询的片段给我们一些建议。某次来接受督导的是精神科的A医生，她做的是女儿患有抑郁症的家庭治疗。咨询里A医生语速非常快，来访者话音未落，她就马上把话接过去，这让整场咨询变成了一个没有间隙的声音流，想要听清楚他们在说什么都变得很费力。而且A医生说话的方式又给人一种紧迫感，这个家庭的成员每说一句话，她就会马上给出一个判断，类似于："孩子的问题是你们父母的矛盾造成的！"所以这个家庭始终没有机会讲出他们真正遇到的问题。

我知道李维榕老师对声音极其敏感，她把声音理解为一个空间，认为无端的话会占用别人的空间，是一种侵略行为。有一次她来杭州旅游，我热心地介绍了一个景点的由来，她却怪我话太多,破坏了意境。A医生这么说话,她一定会有所反应。所以当她喊停的时候,我们都紧张地望着她。

李维榕老师先问A医生自己是怎么想的。A医生连忙解释:"对不起,是我说话太急了,我已经在注意了……"李维榕老师显然不接受这个解释,她说:"对不起,我感觉我的头脑像是爆炸了一样。你既然请我督导,就要先照顾我的感受,我才能说一些有用的话给你。"

李维榕老师停顿了一会儿,接着说:"但这不是你的问题,是我有问题。现在,我想请你先不要把我当老师,我也不把你当学生,我们之间就是专家和专家的对话。你想想,我们之间的问题在哪里?"A医生愣在那里,不知道该说些什么,空气好像凝固了,大家都在屏息等待后续。

不知过了多久,李维榕老师才对A医生说:"在咨询里,你对你的来访者讲话,可是她却听不进去,那你就必须马上去处理来访者听不进去的问题。但就在刚才,你并没有马上处理我(听不进去你说的话)的问题,你满脑子都是我是不是哪里做错了——这是我们常犯的错误,在需要处理对方的问题时,只回到自己身上去想。"

"还有,只要来访者一说话,你很快就有一个判断,告诉对方他们的问题是什么,这样的咨询一定不会有太多进展。因为你没有给自己,也没有给对方的思考留出空间……"

接着，李维榕老师告诉我们，她刚才故意做出这样的反应，是想让A医生感觉自己做什么都不对——说得快也不是，慢也不是——这样她也许会心生困惑。这种困惑正是老师希望教给她的东西，在这种困惑里，她才能生出一些新的智慧。按照老师的话来说："我希望她能学会承受自己的不知道，承受答案的不确定。这样她在咨询里才会懂得停下来，给自己，也给对方留出空间。在这个空间里，咨询才有新的可能。"

这时，之前遗留的所有困惑都有了答案，所有人都和A医生一起领悟了这种"不知道、不确定的困惑"所带来的智慧。在这个拨开云雾的间隙，李维榕老师却说："你们感受一下，我去一趟洗手间。"她回来以后说："也许我刚刚这样说很冒犯。我最后想和A医生说一下，冒犯你了，请你原谅。"

这就是李维榕老师所谓的不把人留在"无明"里。我们在咨询中总说"用自己"，但这其实很难做到——李维榕老师把A医生放在那个说什么都不对、不舒服的位置上时，她自己同样会感到不适，因为那让她显得很刻薄，不近人情。她完全可以选择简单叮嘱A医生几句，但她坚持那么做，是想让A医生从更深层次体验不确定的智慧。

我觉得不把人留在"无望"和"无明"里的李维榕老师，心有一面照己的明镜。当我从师数载，细数过往时，我发现这一行的技艺大多是她教导我的。观己照己的老师，也是我前行路上的明镜。

欧文·亚隆：用团体治疗改变个体的孤独

说到心理咨询中的团体咨询，一位绕不开的人物是欧文·亚隆。他的《团体心理治疗——理论与实践》不仅被列为美国十大教科书之一，还被世界各地的心理咨询师奉为永远不可以错过的经典。

欧文生于1931年，经历过第二次世界大战，切身体会了人在艰难环境中跋涉的处境。他深刻理解"人一生中遇到的很多无可奈何的事情会把我们逼到孤独的角落里"，但他并没有任由这种孤独将人们裹挟，吞噬人们的生命力，而是用团体治疗的方式告诉我们，"孤独只存在于孤独之中，一旦分担，它就蒸发了。"

他做过的最典型的团体治疗，是对濒临死亡的癌症患者的治疗。这可以说是一次真正意义上的先锋尝试。那还是在谈论死亡像谈论色情一样讳莫如深的20世纪70年代，大部分癌症患者因为怕家人担心，或者怕家人无力面对失去自己的痛苦，总是把感受藏在心里。家人因为怕触及癌症患者内心的伤痛和无助，也不敢主动交谈。在这个明明需要有更深连接的阶段，大家却感到更疏离、更不被理解。欧文·亚隆为了弥合癌症患者的孤独感，把他认识的癌症患者定期组织在一起，请他们百无禁忌地谈论自己的濒死体验，那些在靠近死亡时做的奇异的梦，甚至是谈论自己希望获得的死亡的方式。同时他邀请正在学习心理学的学生、精神科的医生、护士等在咨询室外透过窗户观看里面的治疗。

参与团体治疗的过程中，有一位女士的变化让人印象尤为深刻。她叫艾芙琳，患有晚期淋巴癌。在她加入团体治疗前，她因为女儿没有照顾好自己的猫，和女儿发生了矛盾，决定跟她老死不相往来。生活中很多人劝她和女儿和好，但别人越那么劝，她越愤怒。她觉得这些人根本不能理解，一个将要死亡的人多么渴望自己在乎的事物也被别人珍视。她加入癌症团体治疗后，情况很快发生了变化——团体治疗中一位患有多发性骨髓细胞瘤的男士告诉艾芙琳："其实你知道你来日不多了，明明你女儿的爱是世上对你最重要的事，你生气的原因，是你在她对待你所珍视事物的方式里，感受到了她对你的忽视不是吗？所以你一定要在死之前告诉她，你爱她。"艾芙琳回家后，流着泪和女儿和解了。

这正是欧文·亚隆的团体治疗对那些被孤独包围的人特别有帮助的地方——人会在团体中感受到情感支持，也会在对懊悔的事、遗憾的事、感到痛苦的事的交谈中，知道不是只有自己才有这样的遭遇，从而感受到接纳和理解。

这种共通性的发现，还会帮助团体治疗的其他成员建立信心与希望。在艾芙琳和女儿和解后，另一位原本因为癌症，对生活不再抱有希望的女士，有一天忽然打扮得明艳动人地来到咨询室里。她说下定决心要成为孩子的榜样，让孩子看到即便在死亡面前，人也可以拥有优雅和智慧。

这个团体治疗最终持续了十年，为五十多位癌症患者提供了帮助。后来，一名精神科医生在著名医学期刊《柳叶刀》上发表专文，称这个团体治疗延长了癌症患者的寿命。

我们可能以为，欧文能做这样的事，是因为他毫无恐惧，内心充满了力量。但他其实是在对死亡的恐惧中决定做出这一尝试的。当时他做了一个梦，已经离世的母亲、姨妈、叔叔全部出现在梦中，召唤他的名字。醒来后，他觉得梦境是在告诉他，他也即将加入死去亲人的行列。为了缓解这份恐惧，他大量阅读关于死亡的书籍，可是这些内容都没有办法真正回应他。他也曾尝试过在咨询中和自己的来访者谈论死亡，但还是因为过于害怕而很快转移话题。

为了突破自己的恐惧，欧文发起了癌症患者的团体治疗，把自己放到一种"不得不面对"的境地里。当这个癌症团体治疗结束时，他将自己在治疗中的观察放进了作品《存在主义心理治疗》里，让更多人从他手中接过了"灯"，深入思考死亡、孤独的意义。

我们从欧文身上能真正体会到一个人是如何从自身的困惑与恐惧中让他人受益，从而增添智慧的。他所累积的思考，在未来一定会给更多人带来启发。

本文参考资料：

1.〔美〕欧文·亚隆：《成为我自己：欧文·亚隆回忆录》，杨立华等译，机械工业出版社2019年版。

2.〔美〕欧文·亚隆：《妈妈及生命的意义》，庄安祺译，机械工业出版社2011年版。

CHAPTER 6

第六章
行业清单

欢迎你来到本书的第六章"行业清单"。你可以根据自己的实际需要，查看下面三块内容：

第一，行业大事记。它以时间轴的方式呈现了心理咨询师职业发展中的里程碑事件，让你对这一行的发展历程有更清晰的认识。

第二，行业术语。我们请受访心理咨询师提出了一些行业里的常用术语。在跟专业心理咨询师展开对话时，这些术语会是你的抓手。

第三，受访心理咨询师推荐的图书和影视作品。我们希望，那些曾经为他们带来启发的资料，也能在你未来的从业道路上为你增添智慧。

行业大事记

1879年，心理学家威廉·冯特在莱比锡大学建立了世界上第一个心理学实验室，标志着科学心理学的诞生。有学者评价道：在冯特创立他的实验室之前，心理学像一个流浪儿，一会儿敲敲生理学的门，一会儿敲敲伦理学的门，一会儿敲敲认识论的门。直到1879年，它才成为一门实验科学，有了安身之处和自己的名字。

首个心理学实验室

1884年，弗朗西斯·高尔顿在伦敦国际博览会上设立了第一个"人类测量实验室"，这是心理测验史上首次大规模地测量个体差异，为此后的心理测验开辟了新的方向。

心理测验的首位倡导者

1892年7月，斯坦利·霍尔在美国马萨诸塞州的克拉克大学成立美国心理学会，学会的使命主要是推进心理学的发展，改善心理学的研究条件，制定学会会员的职业道德和操行等。霍尔是美国心理学会的首任主席。到目前为止，美国心理学会已成为国际上规模最大的心理学组织。

首个心理学会

我能做心理咨询师吗

精神分析疗法的起源

1895年，弗洛伊德和布洛伊尔合著的《歇斯底里症研究》一书探讨了人发生歇斯底里症状的源头，由此为弗洛伊德创立精神分析疗法奠定了理论基础，也成为精神分析疗法兴起的标志。

临床心理学的起源

1896年，美国心理学家赖特纳·韦特默首次提出了"临床心理学"的专业概念，它主要是为了理解、预防及舒缓心理上的困扰及心理疾病。如今，临床心理学技术被广泛应用于心理分析、人本主义、认知行为学等流派中。

首个临床心理诊所

1896年，韦特默在美国宾夕法尼亚州立大学建立了世界上第一家心理咨询诊所，开创了将心理学作为专业咨询服务的先河。

机能主义心理学的起源

1890年，威廉·詹姆斯发表的心理学著作《心理学原理》被看作是机能主义心理学流派的先声，而1896年，约翰·杜威发表的文章《心理学中的反射弧概念》正式宣告了机能主义心理学的诞生。机能主义心理学重视心理学的实际应用，主张把心理学研究的范畴从成人正常心理研究扩展到儿童心理、教育心理、变态心理等领域。

第六章 | 行业清单

构造主义心理学的起源

1898年，爱德华·铁钦纳正式创立了构造主义心理学。此流派认为心理学的研究对象是人的意识经验，主张心理学应该采用实验内省法分析意识的内容和构造，找出人的意识在组成过程中的规律。

1908年，美国精神卫生专家克利福德·比尔斯成立了"康涅狄格州心理卫生协会"。该协会的成立标志着心理卫生健康运动正式开展，比尔斯被称为现代精神卫生的倡导者和奠基人。

首个心理卫生组织

格式塔心理学的起源

1912年，德国心理学家马克斯·韦特海默等心理学家基于"似动现象"的研究创立了格式塔学派。此学派强调人的经验和行为是一个整体，主张从整体来探索、研究人的心理现象。

1913年，美国心理学家约翰·华生在《心理学评论》杂志上发表了题为《一个行为主义者所认为的心理学》的论文，此论文被认为标志着行为主义心理学的正式成立。这一学派主张心理学研究的对象不是人的意识，而是人的行为，以及人的行为和所处环境之间的关系。

行为主义心理学的起源

我能做心理咨询师吗

中国首个心理学实验室

1917年,在北京大学校长蔡元培先生的倡导下,该校的心理学、哲学教授陈大齐创立了我国第一个心理学实验室,将科学心理学引入中国。

1918年,陈大齐教授出版的《心理学大纲》是我国第一本大学心理学教材。他在书中较为系统地介绍了西方科学心理学,解释心理学的科学定义,以及它和哲学、其他科学之间的区别。对科学心理学在中国的科普与传播起到了非常积极的作用。

中国首部心理学教材

中国心理学会成立

1921年,中国心理学会在上海正式成立,其前身是"中华心理学会",于1935年更名为"中国心理学会"。中国心理学会主要承担着心理学学术交流、科学普及,以及教育培训等工作。

1951年,卡尔·罗杰斯出版的《当事人中心治疗》一书中,首次将"病人"改称为"来访者",由此改变了人们对做心理咨询的人是"精神病人""心理变态者"的固有印象。他还将来访者的范围扩展为具有一系列心理困扰的普通人。

首次将"病人"改称为"来访者"

第六章 | 行业清单

人本主义心理学的起源

1962年，美国人本主义心理学会正式成立，标志着人本主义心理学学派的诞生。这一流派的代表人物有亚伯拉罕·马斯洛、卡尔·罗杰斯、罗洛·梅等。该学派强调"人的正面本质和价值，而非集中研究人的问题"。

1967年，德国心理学家奈瑟尔出版的《认知心理学》一书，标志着认知心理学已成为一个独立的流派。该流派专注于研究人的心理过程，比如人的注意力、知觉、记忆、创造性、思维等。

认知心理学的起源

中国首个心理咨询中心

1986年，北京市朝阳医院设立了我国第一个心理咨询中心。

1997年，德中心理治疗研究院开始在中国举办"中德高级心理治疗师连续培训项目"（简称"中德班"）。由德中心理治疗研究院选派德国优秀的心理治疗专家来中国义务教学，培养了大批中国优秀的心理治疗专业人员。此后"中德班"成为中国心理咨询与治疗界的"黄埔军校"。

第一届中德高级心理治疗师连续培训项目

我能做心理咨询师吗

中国正式推出心理咨询职业标准

2001年，原劳动和社会保障部正式推出《心理咨询师国家职业标准（试行）》，并将心理咨询师列入《中国职业大典》。

2017年9月15日，经国务院同意，人力资源和社会保障部公布140项国家职业资格目录，该目录中不包括心理咨询师资格证。这意味着心理咨询师资格证认定取消，但已通过考核取得心理咨询师资格证书的，仍可被视为能力的证明。

心理咨询师考试认定取消

全国心理服务体系建设

2018年，国家卫生健康委、中央政法委、中宣部、教育部等10部门联合印发了《全国社会心理服务体系建设试点工作方案》，要求试点地区建设社会心理服务模式和工作机制，到2021年底，试点地区逐步建立健全社会心理服务体系。

行业术语

感受：这是心理咨询师口中的高频词，也是一个人心理现象的基础。日常生活中，一个人做事情失败了，其他人可能会问他失败的原因，心理咨询师则会更关注这个人的感受。无论任何事，心理咨询师首先关注的是人内心的感受。

此时此地：人在谈话时经常会提到过去发生了什么，或者他对于将来有什么想法，但心理咨询师在咨询过程中会优先关注来访者当下的状态，比如问来访者："你在此时此地是什么感受？"他们正是通过这种方式，把来访者拉回到当下，说出当下内心的感受。

稳态：这个词可能会让你有点困惑，一个人有心理困扰，不就是内心和外在变化发生了冲突吗？为什么心理咨询里还会有稳态的说法呢？事实上，来访者的生活中既有烦恼、困难这些变化的因素，也有变化之外的固定模式。比如，一个妻子表示自己总是跟先生吵架，他们的关系似乎处于不稳定的状态。但换个角度看：如果他们一天当中有一个时刻一定要吵架，吵到一定程度就停下来不吵了，这就是他们关系中的稳态。

系统：家庭治疗中的常用术语，意思是把家庭看作一个系统，每个人都是系统中的一部分。一个人的问题和行为模式不仅仅是由他一个人形成的，还是由家庭这个系统中每个人的反馈互动形成的。

防御：人在面对具有冲击性的行为、语言时，自动形成的一种反应。比如面临挫折、冲突，被激发内在羞耻感、羞愧感时产生的自我保护反应，包括压抑、否定等。举个例子，很多从灾难中死里逃生的人会遗忘这段经历中的很多关键性细节，这就是防御的一种，从而避免再度感受到当时的痛苦。

干预：心理咨询师处理来访者的困扰，比如对强迫行为、抑郁、焦虑等进行心理疏导。

阻抗：在咨询过程中，来访者有意无意地抵抗，干扰咨询进程的情况。比如，你谈到某些核心问题时，来访者可能会拒绝回答，也可能会一直讲跟问题无关的事情，从而打乱咨询进度。

共情：考虑对方的处境、体会对方的感受，甚至为了理解对方的感受，去做对方做过的一些事情，让自己和对方处于同一种感受之中。

依恋模式：是指婴幼儿和母亲以及主要抚养者（通常是母亲）之间形成的情感联结会一直延续到成年。它分为安全型依恋（在恋爱中很信任对方，也很信任自己），痴迷型依恋（担心自己被抛弃，所以给予对方强烈的爱和回应，也希望对方给自己同样强度的爱和回应），回避／疏离型依恋（不把情感关系看作重要的关系，不愿意和伴侣过于亲密，对亲密行为的接纳程度低），恐惧型依恋（既想要依恋对方，又害怕被抛弃）。

创伤：人在成长过程中经历的突发的、自己完全无法抵抗的事，不限于战争、自然灾害、情感虐待、亲身经历或者目睹暴力事件等，这些事件通常会给人带来深深的无力感和无助感。

情结：隐藏在人心中的强烈且无意识的冲动。比如，有的人有名校情结，总觉得当初如果能上某某大学，人生就会变得不一样。常见的还有"恋母情结"。

面质：来访者的情感、观念、行为等自相矛盾，心理咨询师指出矛盾，让来访者面对和正视它。面质不是为了指出来访者说错了什么，而是要把关注点放在矛盾上，帮助他正视问题。

自动化思维：表现为语言和视觉两种形式。比如一个人在餐厅吃饭时偶遇某个合作对象，和对方打招呼却没有得到回应。这个人嘟囔着说："对方怎么不想理我。"这就是语言形式的自动化思维。如果这个人的脑海里随即出现了对方对自己不满，要和自己终止合作的场景，就是视觉形式的自动化思维。

模式：人在和外界互动时形成的应对外界的固定方式。

退行：人在面对极端压力，或者面对与成长经历相似的压力情境时，放弃成年人的应对方式，回到幼年时期的状态。

合理化：人为自己的不良行为（比如伤害自己、伤害他人），或者内心渴望却得不到的感受所编造的解释，好让自己和社会能够接受。

心理动力：驱使人做出各种行为的内在驱动力。

推荐资料

(一)专业技术

·〔德〕弗里茨·B. 西蒙、〔德〕克里斯特尔·莱西-西蒙:《循环提问:系统式治疗案例教程》,商务印书馆 2013 年版。

推荐理由:一本充满智慧、悖论与巧思的家庭案例合集。不管你是不是以心理咨询师为志业,这本书都值得逐字逐句阅读。你会惊呼,"原来生活中还有那么多我从未想到的角度!"

·〔美〕奥古斯都·纳皮尔、〔美〕卡尔·惠特克:《热锅上的家庭:原生家庭问题背后的心理真相》,李瑞玲译,北京联合出版公司 2020 年版。

推荐理由:本书其中一位作者卡尔·惠特克是家庭治疗领域大名鼎鼎的先驱,他从 20 世纪 40 年代开始探索家庭治疗。这本书以他和学生合作的一个案例为主线,像小说一样呈现了完整的治疗过程。情节跌宕起伏,穿插着必要的理论知识和对家庭治疗技术的探讨,严谨又富有可读性。

·〔美〕John Sommers-Flanagan、〔美〕Rita Sommers-Flanagan：《心理咨询面谈技术（第四版）》，陈祉妍等译，中国轻工业出版社2014年版。

推荐理由：如何说话的微技术——从接触来访者的第一句话，到告别来访者的最后一句话——在这本书里通过无数个心理咨询细节得到了呈现。

·〔美〕Salvador Minuchin等：《家庭与夫妻治疗：案例与分析》，胡赤怡等译，华东理工大学出版社2013年版。

推荐理由：这本案例集提出了家庭治疗的四个可操作步骤，为心理咨询师提供了一张可供借鉴的工作地图。

（二）心理学史

·〔美〕斯蒂芬·A.米切尔、〔美〕玛格丽特·J.布莱克：《弗洛伊德及其后继者：现代精神分析思想史》，陈祉妍等译，商务印书馆2007年版。

推荐理由：结合整个心理学学科的发展背景，把精神分析各个分支流派代表人物的理论精髓和核心技术阐述得简明易懂。

·〔美〕莫顿·亨特：《心理学的故事：源起与演变（最新增补修订版）》，寒川子、张积模译，陕西师范大学出版社2013年版。

推荐理由：通过有趣的故事，让读者在较短时间内全面了解心理学 2500 年的发展史，掌握关键知识点和重要人物概况，推开心理学殿堂的大门。

·〔美〕彼得·班克特：《谈话疗法：东西方心理治疗的历史》，李宏昀、沈梦蝶译，上海社会科学院出版社 2006 年版。

推荐理由：这本心理咨询教科书是理论发展、大师传奇、深刻洞见和个人经验的结晶，它把心理咨询理论流派的发展史写得惊心动魄又感人至深。

·〔美〕Irene Goldenberg、〔美〕Herbert Goldenberg：《家庭治疗概论（第六版）》，李正云等译，陕西师范大学出版社 2005 年版。

推荐理由：对家庭治疗各个流派的思想渊源、工作重点及其技术手法的比较堪称经典。

（三）从业心得

·赵旭东、施琪嘉主编：《我的心理治疗之路：中德班 15 位心理专家自述个人成长和个案实战经验》，中国致公出版社 2018 年版。

推荐理由：中德班 15 位心理咨询师与治疗师在这本书中道出了鲜为人知的心路历程。他们总结了从业以来的个案经验和教训，为初学者指出了成长路径、突破方法，对年轻人快速成长为优秀的心理咨询师非常有指导意义。

·〔美〕欧文·亚隆：《给心理治疗师的礼物：给新一代治疗师及其病人的公开信》，张怡玲译，中国轻工业出版社 2015 年版。

推荐理由：存在主义心理治疗大师欧文·亚隆的实践经验观察和思考，真诚而热情，为每一位有志于成为心理咨询师的人带来启发和鼓舞。

·〔美〕洛莉·戈特利布：《也许你该找个人聊聊》，张含笑译，上海文化出版社 2021 年版。

推荐理由：曾经在好莱坞做过编剧的心理咨询师，用美剧一般引人入胜的笔法向你呈现她的工作和生活。你不仅能感受到一名专业的心理咨询师怎样和形形色色的来访者工作，还会看到她在生活中遇到的困难——她本人也会作为来访者向心理咨询师求助。

（四）视野扩展

·〔美〕欧文·亚隆：《诊疗椅上的谎言》，鲁宓译，机械工业出版社 2017 年版。

推荐理由：这本书是被誉为"最会写故事的心理治疗大

师"欧文·亚隆最负盛名的长篇小说。书中充满了来访者和咨询师的"高手过招"：移情与反移情，欺骗与背叛……故事背后蕴藏了亚隆对心理咨询师这份职业的关怀和深层次探问。

·〔美〕萨尔瓦多·米纽庆等：《掌握家庭治疗：家庭的成长与转变之路（第二版）》，高隽译，世界图书出版公司2010年版。

推荐理由：这是米纽庆督导学生们的案例集。你会从米纽庆和他的学生们的临床实践中感受到心理咨询师精进蜕变的不易，更能够直观地理解咨询师"用自己"的真正含义。

·〔美〕简·海利：《不寻常的治疗：弥尔顿·艾瑞克森读心术》，苏小波译，希望出版社2011年版。

推荐理由：这是一本被书名耽误了的严肃著作，副标题虽然是"读心术"，但它跟神秘主义没什么关系。作者简·海利是策略式心理治疗的开创者，他用平实易懂的语言介绍了催眠治疗大师弥尔顿·艾瑞克森的疗法，兼具理论性和故事性。

(五)视频资料

·《扪心问诊》

推荐理由:一部心理治疗行业剧,近乎仿真地还原了一个心理咨询师的工作状态。每集呈现一个案例,其中既可以看到咨询师在当次咨询中如何工作,也可以随着时间推进,看到不同案例是如何在更长的时间尺度上产生变化。这部剧被很多心理咨询师当作教学素材使用。

后记

这不是一套传统意义上的图书，而是一次尝试联合读者、行业高手、审读团一起共创的出版实验。在这套书的策划出版过程中，我们得到了来自四面八方的支持和帮助，在此特别感谢。

感谢接受"前途丛书"前期调研的读者朋友：安好、陈卓卓、崔朝霞、崔红宇、段欣念、雷刚、李嘉琛、李跃丽、李正雷、刘冰、陆晓梅、马磊、欧阳、谭江波、田礼君、王磊、吴伊澜、席树芹、肖岩、杨柳、杨宁、臧正、张丽娜、朱建锋等。谢谢你们对"前途丛书"的建议，让我们能研发出更满足读者需求的产品。

感谢在《我能做心理咨询师吗》修改过程中接受调研的朋友：陈嘉敏、陈思洁、程延宏、葛怡雯、侯美羽、胡明、李佳玫、田菲、徐浩、杨倩婧等。谢谢你们坦诚说出自己做心理咨询师前后的困惑和期待，在你们的帮助下，我们对这一职业的痛点有了更深入的了解。

感谢对《我能做心理咨询师吗》提供专业支持的朋友：心

理健康服务平台"简单心理"、王佳悦、许家馨、张司麒。谢谢你们提出的专业意见,让这本书在专业度上更完善。

感谢"前途丛书"的审读人:Tian、安夜、柏子仁、陈大锋、陈嘉旭、陈硕、程海洋、程钰舒、咚咚锵、樊强、郭卜兑、郭东奇、韩杨、何祥庆、侯颖、黄茂库、江彪、旷淇元、冷雪峰、李东衡、连瑞龙、刘昆、慕容喆、乔奇、石云升、宋耀杰、田礼君、汪清、徐杨、徐子陵、严童鞋、严雨、杨健、杨连培、尹博、于婷婷、于哲、张仕杰、郑善魁、朱哲明等。由于审读人多达上千位,篇幅所限,不能一一列举,在此致以最诚挚的谢意。谢谢你们认真审读和用心反馈,帮助我们完善了书里的点滴细节,让这套书以更好的姿态展现给广大读者。

感谢得到公司的同事:罗振宇、脱不花、宣明栋、罗小洁、张忱、陆晶靖、冯启娜。谢谢你们在关键时刻提供方向性指引。

感谢接受本书采访的四位行业高手:刘丹、张海音、李松蔚、陈海贤。谢谢你们抽出宝贵的时间真诚分享,把自己多年来积累的经验倾囊相授,为这个行业未来的年轻人提供帮助。

最后感谢你,一直读到了这里。

有的人只是做着一份工作,有的人却找到了一生所爱的

后记

事业。祝愿读过这套书的你,能成为那个找到事业的人。

这套书是一个不断生长的知识工程,如果你有关于这套书的问题,或者你有其他希望了解的职业,欢迎你提出宝贵建议。欢迎通过邮箱(contribution@luojilab.com)与我们联系。

"前途丛书"编著团队

图书在版编目（CIP）数据

我能做心理咨询师吗 / 廖偌熙编著；刘丹等口述. -- 北京：新星出版社，2023.4
ISBN 978-7-5133-4806-5

Ⅰ.①我… Ⅱ.①廖… ②刘… Ⅲ.①心理咨询－基本知识 Ⅳ.① B849.1

中国版本图书馆 CIP 数据核字 (2022) 第 031519 号

我能做心理咨询师吗

廖偌熙　编著
刘　丹　张海音　李松蔚　陈海贤　口述

责任编辑：白华召
总 策 划：白丽丽
策划编辑：师丽媛
营销编辑：陈宵晗　chenxiaohan@luojilab.com
装帧设计：李一航
责任印制：李珊珊

| **出版发行**：新星出版社 |
| **出 版 人**：马汝军 |
| **社　　址**：北京市西城区车公庄大街丙 3 号楼　100044 |
| **网　　址**：www.newstarpress.com |
| **电　　话**：010-88310888 |
| **传　　真**：010-65270449 |
| **法律顾问**：北京市岳成律师事务所 |

读者服务：400-0526000　service@luojilab.com
邮购地址：北京市朝阳区温特莱中心 A 座 5 层　100025

| **印　　刷**：北京奇良海德印刷股份有限公司 |
| **开　　本**：787mm×1092mm　1/32 |
| **印　　张**：8.625 |
| **字　　数**：156 千字 |
| **版　　次**：2023 年 4 月第一版　2023 年 4 月第一次印刷 |
| **书　　号**：ISBN 978-7-5133-4806-5 |
| **定　　价**：49.00 元 |

版权专有，侵权必究；如有质量问题，请与印刷厂联系更换。